Contents

1

단추 트임의 스누드(snood)

넵(nep)이 들어간 니트 원단의 스누드.
코디네이션하기 쉬운 네이비 컬러를 골랐습니다.
살짝 주름을 잡아 목에 두르면 귀엽습니다.

1

안쪽에 핫 팩(Hot pack)를 넣을 수 있는
주머니가 달려 있습니다.

how to make ✷ ✷ ✷ 4 페이지

제작 ✷ 東海林清美

2

볼륨감이 넘치는 스누드(snood)와 이어머프(earmuff)

복슬복슬한 푸들 보아로 만든 스누드와 이어머프 세트.

스누드와 이어머프가 있으면 추운 날도 걱정 없습니다.

2 how to make ＊＊＊ 4 페이지
3 how to make ＊＊＊ 5 페이지

제작 ＊東海林清美

2

3

이어머프는 도너츠 모양으로
소리를 잘 들을 수 있습니다.

스누드는 하나만 걸쳐도 귀엽습니다.

3

2 페이지 1 스누드

재료

겉감(넵 니트) 120cm폭 70cm

단추 지름 2.5cm폭 3개

제도

제도 ＊1cm의 시접을 주어 재단합니다.

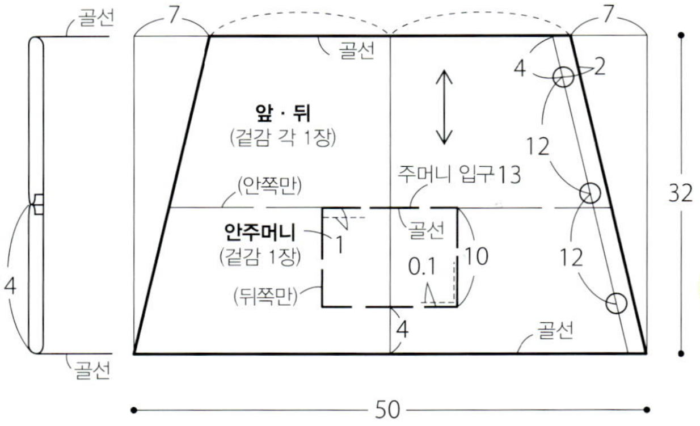

원단 재단방법

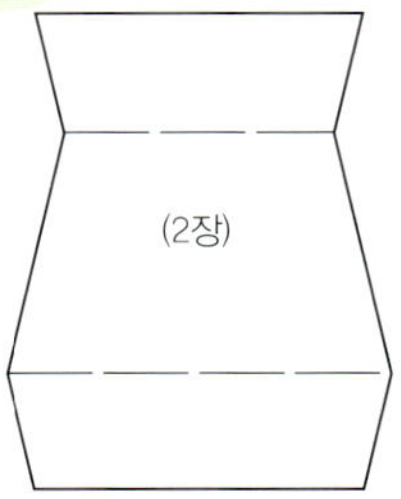

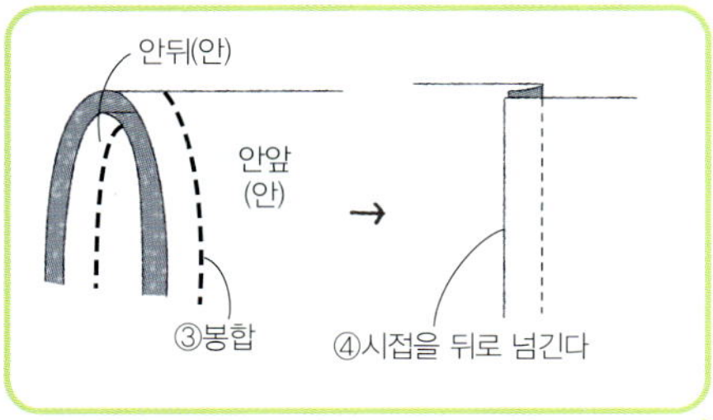

만드는 방법

골선

7 골선 7

앞 · 뒤
(겉감 각 1장)

4 ⊗ 2

(안쪽만)

주머니 입구13

12

안주머니
(겉감 1장)

골선

0.1 10

32

12 ⊗ 7

14

골선

4

골선

(2장)

50

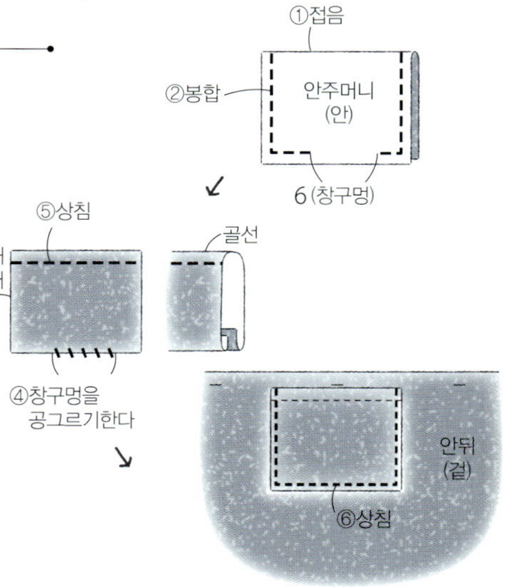

2 앞 · 뒤의 절개선을 봉합한다

3 앞 · 뒤를 맞춰 봉합한다

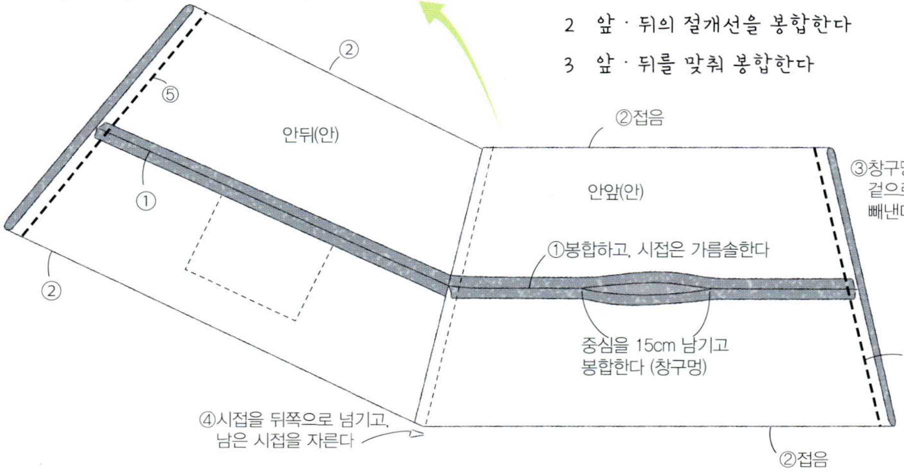

만드는 방법

1 안주머니를 만들어 단다

①접음

②봉합

안주머니
(안)

6 (창구멍)

③창구멍을 통해
겉으로 뒤집어
빼낸다

⑤상침

골선

④창구멍을
공그르기한다

안뒤
(겉)

⑥상침

안뒤(안)

안앞
(안)

③봉합

④시접을 뒤로 넘긴다

⑤

②

①

②

안뒤(안)

②접음

②

안앞(안)

①봉합하고, 시접은 가름솔한다

중심을 15cm 남기고
봉합한다 (창구멍)

⑤봉합

④시접을 뒤쪽으로 넘기고,
남은 시접을 자른다

②접음

4 단춧구멍을 만들고, 단추를 단다

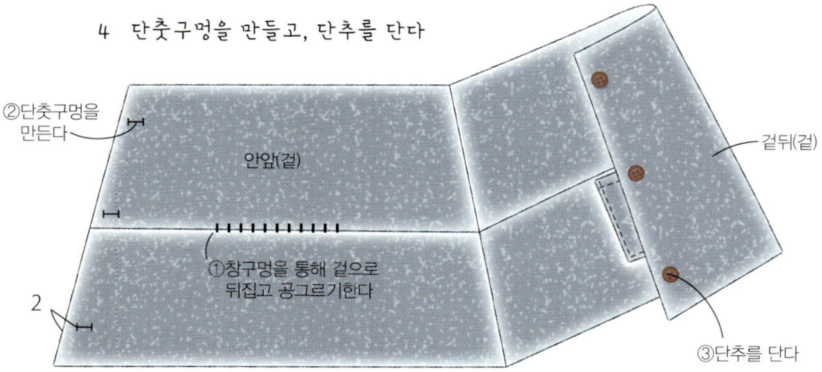

②단춧구멍을
만든다

안앞(겉)

①창구멍을 통해 겉으로
뒤집고 공그르기한다

2

완성♪

겉뒤(겉)

③단추를 단다

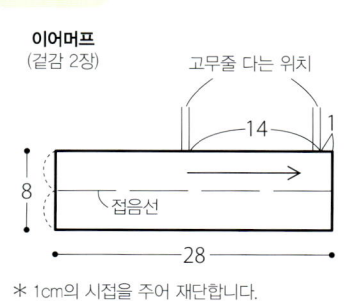

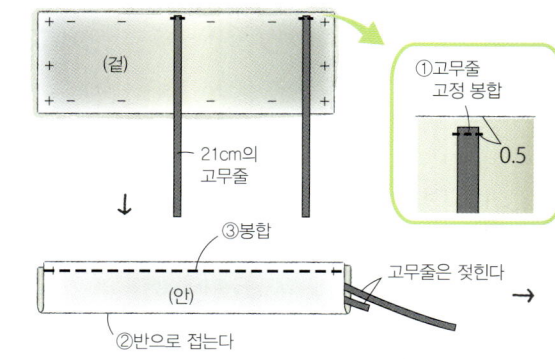

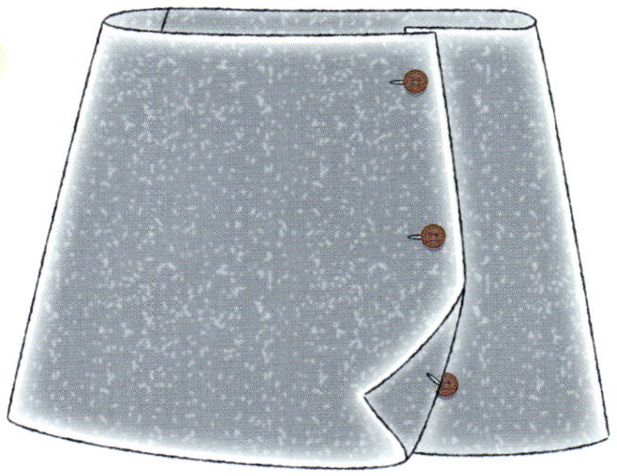

3 페이지 2 이어머프

재료

겉감(푸들 보아) 30cm폭 35cm

고무줄 0.5cm폭 45cm

솜

♪ 겉감은 털방향이 있는 원단이기 때문에
털의 결 방향으로 재단합니다.

제도

이어머프
(겉감 2장)

고무줄 다는 위치

14 1

8

접음선

28

＊1cm의 시접을 주어 재단합니다.

만드는 방법

1 고무줄을 끼우고, 겉끼리 맞대어 봉합한다

(겉)

21cm의
고무줄

①고무줄
고정 봉합

0.5

③봉합

(안)

고무줄은 젖힌다

②반으로 접는다

재료

겉감(푸들 보아) 110cm폭 1m

♪ 겉감은 털방향이 있는 원단이기 때문에
  털의 결 방향으로 재단합니다.

· ·

제도

만드는 방법

1 스누드 두 장을 겉끼리
   맞대어 봉합한다

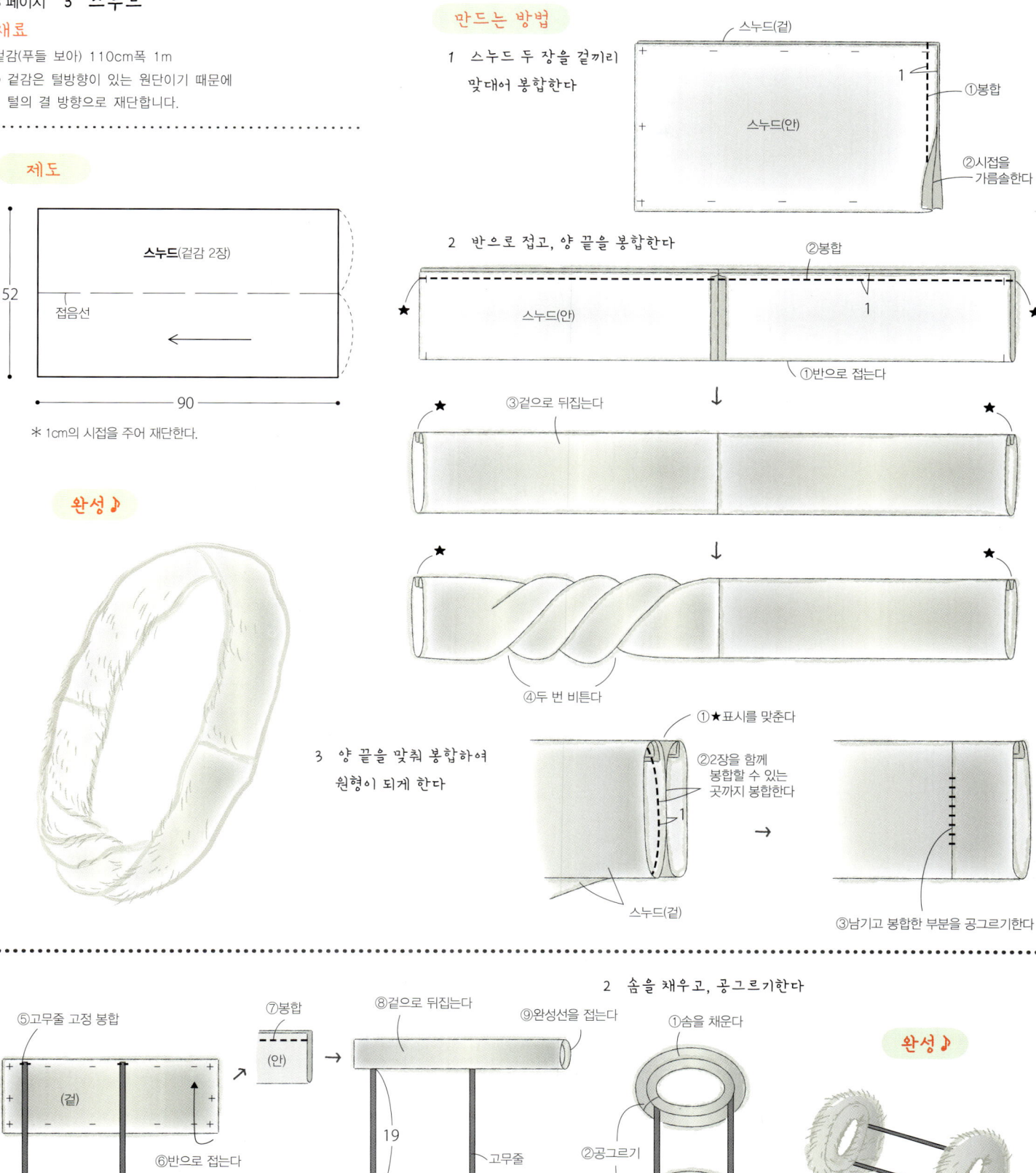

스누드(겉)

1

①봉합

②시접을
 가름솔한다

스누드(안)

52

스누드(겉감 2장)

접음선

90

* 1cm의 시접을 주어 재단한다.

2 반으로 접고, 양 끝을 봉합한다

②봉합

스누드(안)

1

★

★

①반으로 접는다

완성♪

③겉으로 뒤집는다

★

★

★

★

④두 번 비튼다

3 양 끝을 맞춰 봉합하여
   원형이 되게 한다

①★표시를 맞춘다

②2장을 함께
 봉합할 수 있는
 곳까지 봉합한다

1

스누드(겉)

③남기고 봉합한 부분을 공그리기한다

2 솜을 채우고, 공그리기한다

⑤고무줄 고정 봉합

⑦봉합

⑧겉으로 뒤집는다

⑨완성선을 접는다

①솜을 채운다

완성♪

(안)

(겉)

19

고무줄

②공그리기

⑥반으로 접는다

④겉으로 뒤집는다

①

넥 워머와 핸드 워머

캐주얼한 코디와 잘 어울리는
넥 워머와 핸드 워머.
노르딕풍의 자카드 니트가
멋스럽습니다.

how to make ＊ ＊ ＊ 7 페이지

제작 ＊ 金丸かほり

6 페이지 4 넥 워머

재료
겉감(자카드 니트) 70cm폭 50cm
♪ 겉감은 신축성이 있는 원단을 사용합니다.

제도

넥 워머(겉감 1장)

접음선

44

65

＊ 1cm의 시접을 주어 재단합니다.

만드는 방법

1 반으로 접고
   위 끝을 봉합한다

넥 워머(겉)
②봉합
넥 워머(안)
①반으로 접는다
③시접을 가름솔한다
④겉으로 뒤집는다

2 양 끝을 맞춰 봉합하여 원형으로 만든다

완성♪

①★표시를 맞춰 봉합한다
③남은 부분을 공그르기한다
넥 워머(겉)
②2장을 함께 봉합할 수 있는 곳까지 봉합한다

---

6 페이지 5 핸드 워머

재료
겉감(자카드 니트) 50cm폭 25cm
고무줄 0.4cm폭 1m
♪ 겉감은 신축성이 있는 원단을 사용합니다.
♪ 고무줄의 길이는 원하는 대로 조절합니다.

제도

핸드 워머(겉감 2장)

1.5
0.8
2
5.5
엄지손가락 통로 입구
3.5
18
1
골선
고무줄을 늘려 가면서 단다
2
0.8
2
10

＊ 제도 안 (☐)의 숫자(시접 치수)를 주어 재단합니다.

만드는 방법

1 반으로 접고, 옆면을 봉합한다

핸드 워머(안)
①고무줄 다는 위치를 표시한다
②4등분하여 맞춤점을 표시한다
③지그재그봉제 또는 오버록 처리
④반으로 접는다
(안)
⑤봉합
남기고 봉합한다(엄지손가락 통로 입구)

2 위·아래 끝을 봉합한다

①시접을 가름솔한다
③두 번 접어 상침
②완성선으로 접는다

3 고무줄을 단다

(안)
맞춤점
4등분하여 맞춤점을 표시한다
16cm의 고무줄
맞춤점을 맞춰 핀을 꽂는다
고무줄
고무줄을 늘려 가며 중심을 봉합한다

완성♪

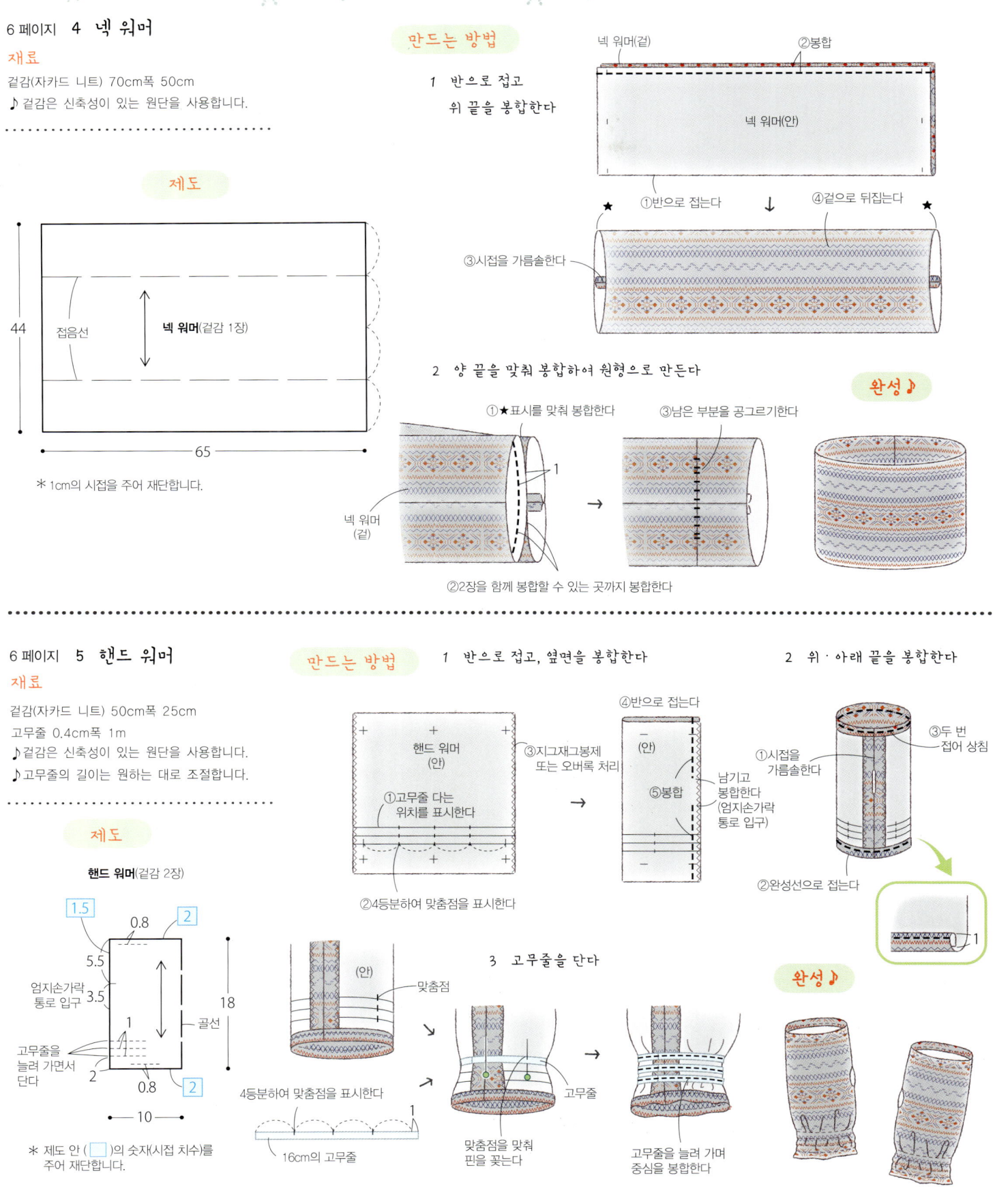

7

티핏(tippet)

걸리시한 코디에 매치하고 싶은 티핏.

베이비 핑크 컬러의 푸들 보아로 러블리하게.

새틴 리본을 귀엽게 묶어보세요.

how to make ＊＊＊ 10 페이지

제작 ＊東海林清美

6

7

후드 케이프

체크무늬의 울로 만든 후드 케이프는

레트로한 분위기가 멋스럽습니다.

가죽 단추를 달아

어른스럽게 연출했습니다.

how to make ＊＊＊ 10 페이지

제작 ＊ 新家幸枝

후드를 쓰면 더욱 따뜻합니다.

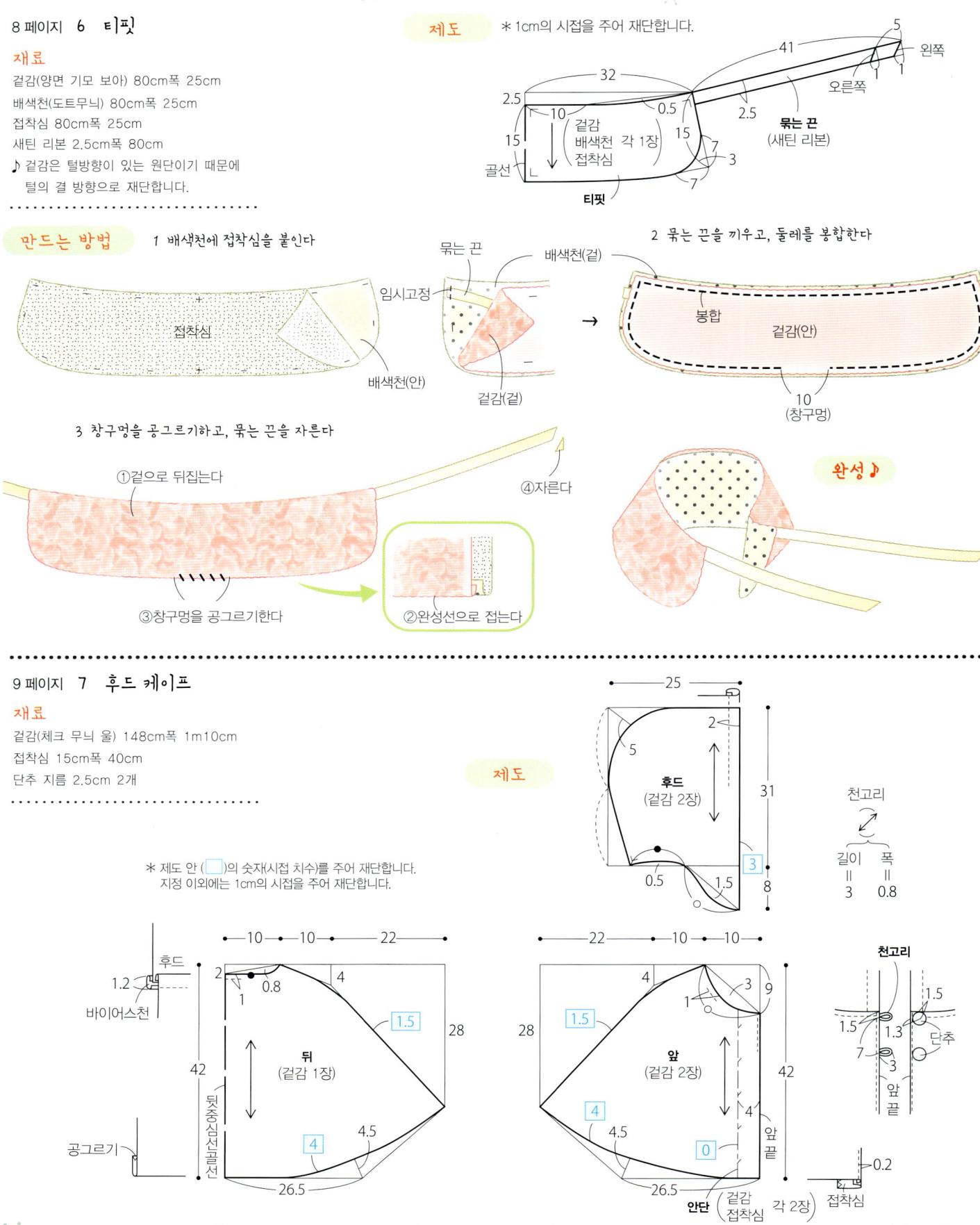

8 페이지 6 티핏

재료

겉감(양면 기모 보아) 80cm폭 25cm
배색천(도트무늬) 80cm폭 25cm
접착심 80cm폭 25cm
새틴 리본 2.5cm폭 80cm
♪ 겉감은 털방향이 있는 원단이기 때문에
   털의 결 방향으로 재단합니다.

제도 ＊1cm의 시접을 주어 재단합니다.

5
41
32
왼쪽
오른쪽
2.5
10
0.5
2.5
묶는 끈
(새틴 리본)
15
겉감
배색천 각 1장
접착심
15
7
3
골선
7
티핏

만드는 방법

1 배색천에 접착심을 붙인다

접착심

배색천(안)

묶는 끈
임시고정
배색천(겉)

겉감(겉)

2 묶는 끈을 끼우고, 둘레를 봉합한다

봉합
겉감(안)

10
(창구멍)

3 창구멍을 공그르기하고, 묶는 끈을 자른다

①겉으로 뒤집는다

④자른다

③창구멍을 공그르기한다

②완성선으로 접는다

완성♪

---

9 페이지 7 후드 케이프

재료

겉감(체크 무늬 울) 148cm폭 1m10cm
접착심 15cm폭 40cm
단추 지름 2.5cm 2개

제도

25
2
5
후드
(겉감 2장)
31
3
0.5
1.5
8

천고리

길이 폭
=   =
3   0.8

＊ 제도 안 (▢)의 숫자(시접 치수)를 주어 재단합니다.
   지정 이외에는 1cm의 시접을 주어 재단합니다.

후드
1.2
바이어스천

10 — 10 — 22
2
0.8
1
4
1.5
28
42
뒤
(겉감 1장)
뒷중심선골선
공그르기
4
4.5
26.5

22 — 10 — 10
4
1
3
9
1.5
28
앞
(겉감 2장)
4
4
42
앞끝
4.5
0
26.5
안단
(겉감
접착심
각 2장)

천고리
1.5
1.5
1.3
단추
7
3
앞끝
접착심
0.2

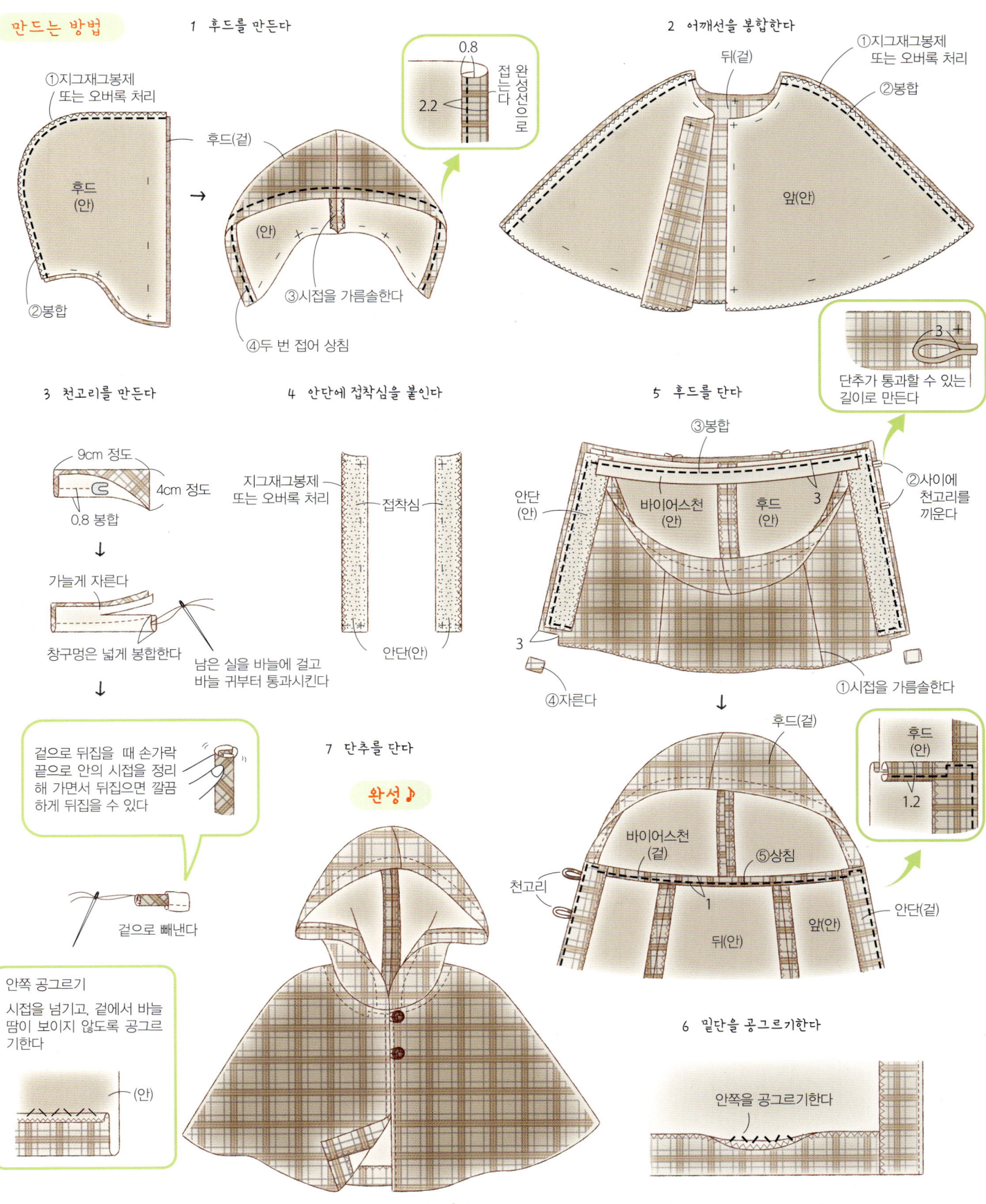

만드는 방법

1 후드를 만든다

①지그재그봉제 또는 오버록 처리

후드(겉)

후드 (안)

②봉합

(안)

③시접을 가름솔한다

④두 번 접어 상침

0.8
2.2
접는다
완성선으로

2 어깨선을 봉합한다

뒤(겉)

①지그재그봉제 또는 오버록 처리

②봉합

앞(안)

단추가 통과할 수 있는 길이로 만든다

3

3 천고리를 만든다

9cm 정도

4cm 정도

0.8 봉합

가늘게 자른다

창구멍은 넓게 봉합한다

남은 실을 바늘에 걸고 바늘 귀부터 통과시킨다

겉으로 뒤집을 때 손가락 끝으로 안의 시접을 정리 해 가면서 뒤집으면 깔끔 하게 뒤집을 수 있다

겉으로 빼낸다

안쪽 공그르기

시접을 넘기고, 겉에서 바늘 땀이 보이지 않도록 공그르 기한다

(안)

4 안단에 접착심을 붙인다

지그재그봉제 또는 오버록 처리

접착심

안단(안)

5 후드를 단다

③봉합

안단 (안)

바이어스천 (안)

후드 (안)

3

②사이에 천고리를 끼운다

3

④자른다

①시접을 가름솔한다

후드 (안)

1.2

후드(겉)

바이어스천 (겉)

⑤상침

천고리

1

뒤(안)

앞(안)

안단(겉)

7 단추를 단다

완성♪

6 밑단을 공그르기한다

안쪽을 공그르기한다

여러 가지 레그 워머

8

립 니트 부분을
접어서 신어보세요.

체크무늬 니트 원단과
립 니트의 조합이 멋스럽습니다.
타이즈에 겹쳐 신고
겨울의 멋을 즐겨봅시다.
how to make ✳ ✳ ✳ 14 페이지
제작 ✳ 清野孝子

컬러 믹스의 다이마루 니트로

만든 레그 워머.

옆에 단 벨벳 리본이

귀여운 포인트가 됩니다.

how to make ✳ ✳ ✳ 14 페이지
제작 ✳ 清野孝子

9

심플한 레그 워머는

마음에 드는 무늬로 만드세요.

도트무늬의 퀼팅 니트 소재로

귀엽게 즐길 수 있습니다.

how to make ✳ ✳ ✳ 14 페이지
제작 ✳ 清野孝子

10

12 페이지 **8**
13 페이지 **9 · 10**   **레그 워머**

8 재료
겉감(체크무늬 니트) 160cm폭 60cm
배색천(립 니트) 16cm폭 50cm×2장
고무줄 0.7cm폭 50cm

9 재료
겉감(다이마루 니트) 80cm폭 70cm
벨벳 리본 0.7cm폭 90cm
고무줄 0.7cm폭 1m10cm

10 재료
겉감(도트무늬 퀼팅 니트) 80cm폭 70cm
고무줄 0.7cm폭 1m 10cm
♪ 8~10의 겉감은 신축성이 좋은 원단을 사용합니다.

8 제도

원단 끝
16
커프스
(배색천 2장)
8

0.2
골선

레그 워머
(겉감 4장)

50
1.3
고무줄
24cm의 고무줄을 통과시킨다
18

9 · 10 제도

31cm의 고무줄을 통과시킨다
리본 다는 위치 (9만)
1.3
2.5

레그 워머
(겉감 2장)

60
골선

2.5
1.3
24cm의 고무줄을 통과시킨다
17

＊제도 안( )의
숫자(시접 치수)를
주어 재단합니다.
지정 이외에는 1cm의
시접을 주어 재단합니다.

8 만드는 방법

1 커프스를 만든다

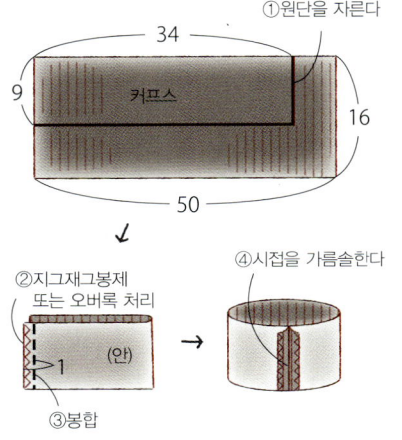

①원단을 자른다
34
9
커프스
16
50

②지그재그봉제
또는 오버록 처리
1
(안)
③봉합

④시접을 가름솔한다

2 원단을 반으로 접고, 옆을 봉합한다

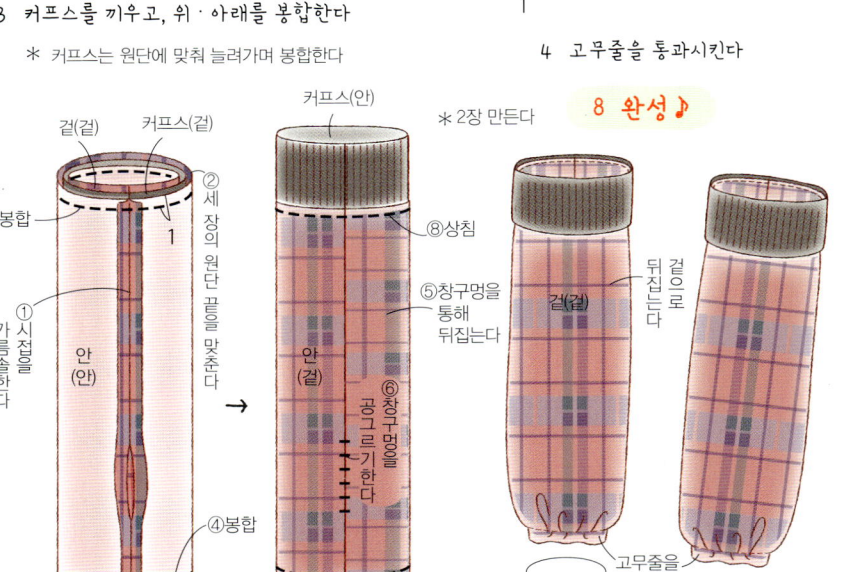

1
안(안)
봉합
1
겉(안)

(창구멍을 남기고
봉합한다)
10
1cm 남긴다
10
1

4 고무줄을 통과시킨다

8 완성♪

3 커프스를 끼우고, 위·아래를 봉합한다
＊ 커프스는 원단에 맞춰 늘려가며 봉합한다

겉(겉)
커프스(겉)
③봉합
①가름시접을 솔한다
②세 장의 원단 끝을 맞춰준다
1
안(안)

커프스(안)
⑧상침
⑤창구멍을 통해 뒤집는다
④봉합
안(겉)
⑥창구멍을 공그르기 한다
⑦상침

＊2장 만든다
겉(겉)
뒤집는다 겉으로
고무줄을 통과시킨다
23

9 · 10 만드는 방법

**1 원단을 반으로 접고,
옆을 봉합한다**

1
(고무줄 통로 입구)
1
봉합
(안)
1
(고무줄 통로 입구)
1

2 위·아래를 봉합한다

1.5
1
②두 번 접어 상침
①가름솔한다
(안)
②

3 리본을 단다 (9만)

45cm의 리본의 중심을 봉합하여 단다
0.8 자른다

4 고무줄을 통과시킨다

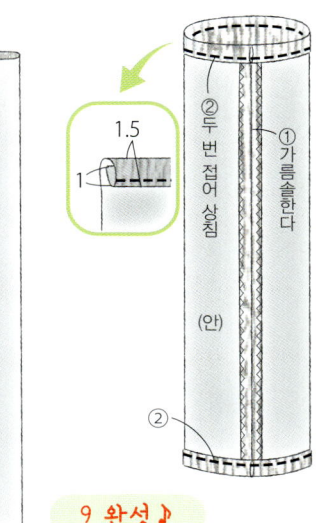

9 완성♪

묶는다
30
고무줄을 통과시킨다
고무줄을 통과시킨다
23

16 페이지　11 스톨

재료
겉감(기모 니트) 130cm폭 1m60cm
그로그랭 리본 1.5cm폭 1m70cm
♪ 겉감은 신축성이 좋은 원단을 사용합니다.

만드는 방법

만드는 방법

1cm의 시접을 주어 재단합니다.

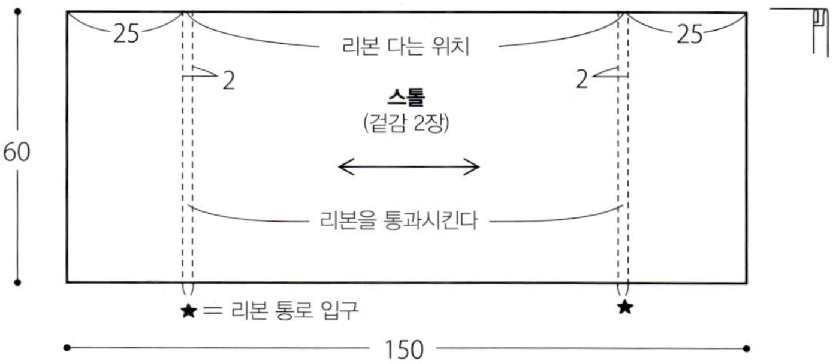

제도

1 리본을 단다

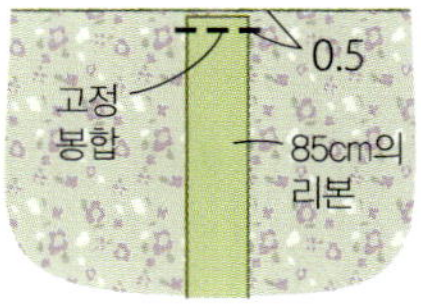

0.5
고정
봉합
85cm의 리본

스톨
(겉감 2장)
← →

25　리본 다는 위치　25
2　　　　　　　　　2
60
리본을 통과시킨다

150

★ = 리본 통로 입구

2 둘레를 봉합하고, 리본을 통과시켜 상침한다

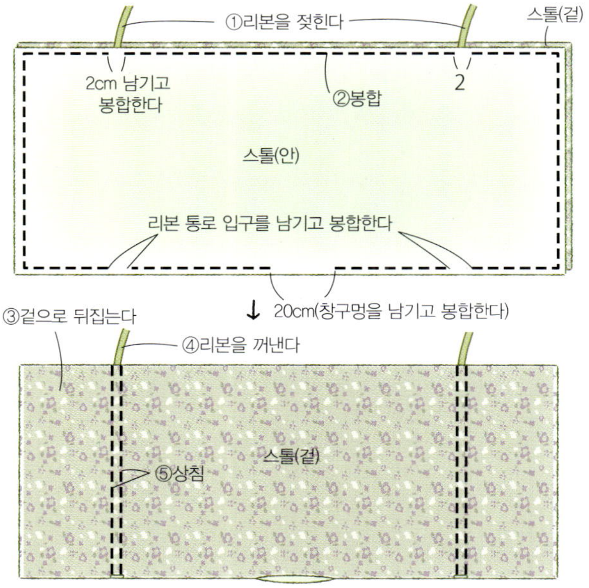

①리본을 젖힌다
스톨(겉)
2cm 남기고 봉합한다
②봉합
2
스톨(안)
리본 통로 입구를 남기고 봉합한다

↓ 20cm(창구멍을 남기고 봉합한다)

③겉으로 뒤집는다
④리본을 꺼낸다
스톨(겉)
⑤상침

3 리본을 통과시키고, 창구멍을 공그르기한다

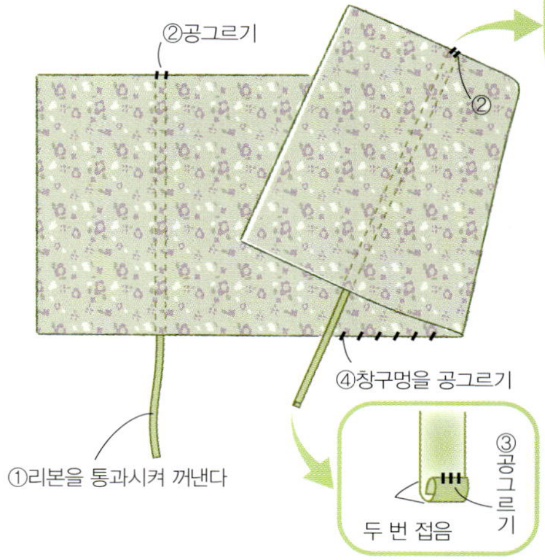

②공그르기
공그르기
②
④창구멍을 공그르기
①리본을 통과시켜 꺼낸다
③공그르기
두 번 접음

완성♪

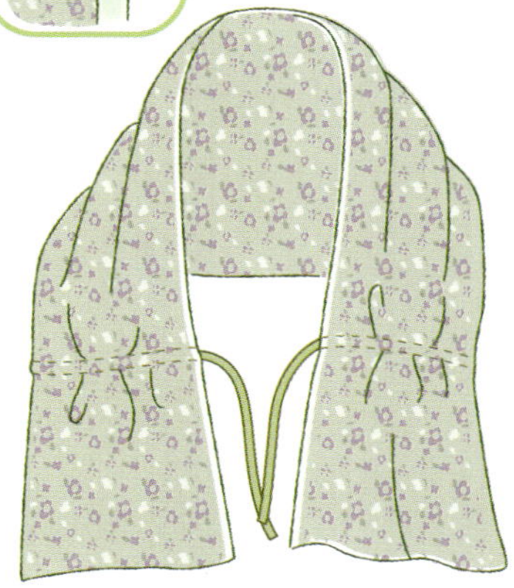

17페이지　12 후드 머플러

재료
겉감(프린트 플리스) 60cm폭 1m10cm
털실(라벤더) 적당량
♪ 겉감은 한쪽 방향의 무늬이기 때문에 주의하여 재단합니다.

블랭킷 스티치
❸ 뺌
❶ 뺌
1
1.5
❷ 넣음
❶~❸
을 반복한다

원단 재단방법

원단 재단방법

8
8
22
봉합 끝점
후드 머플러
(겉감 2장)
110
시접 없이 자른다
28

만드는 방법

만드는 방법

1 곡선을 봉합한다

②자른다
1
①봉합
(안)
(겉)
봉합 끝점
자연스럽게 봉합 끝점까지 이어지게 봉합한다

↓
시접은 가름솔한다

2 둘레를 털실로 스티치한다

완성♪

블랭킷 스티치
(왼쪽 그림 참고)

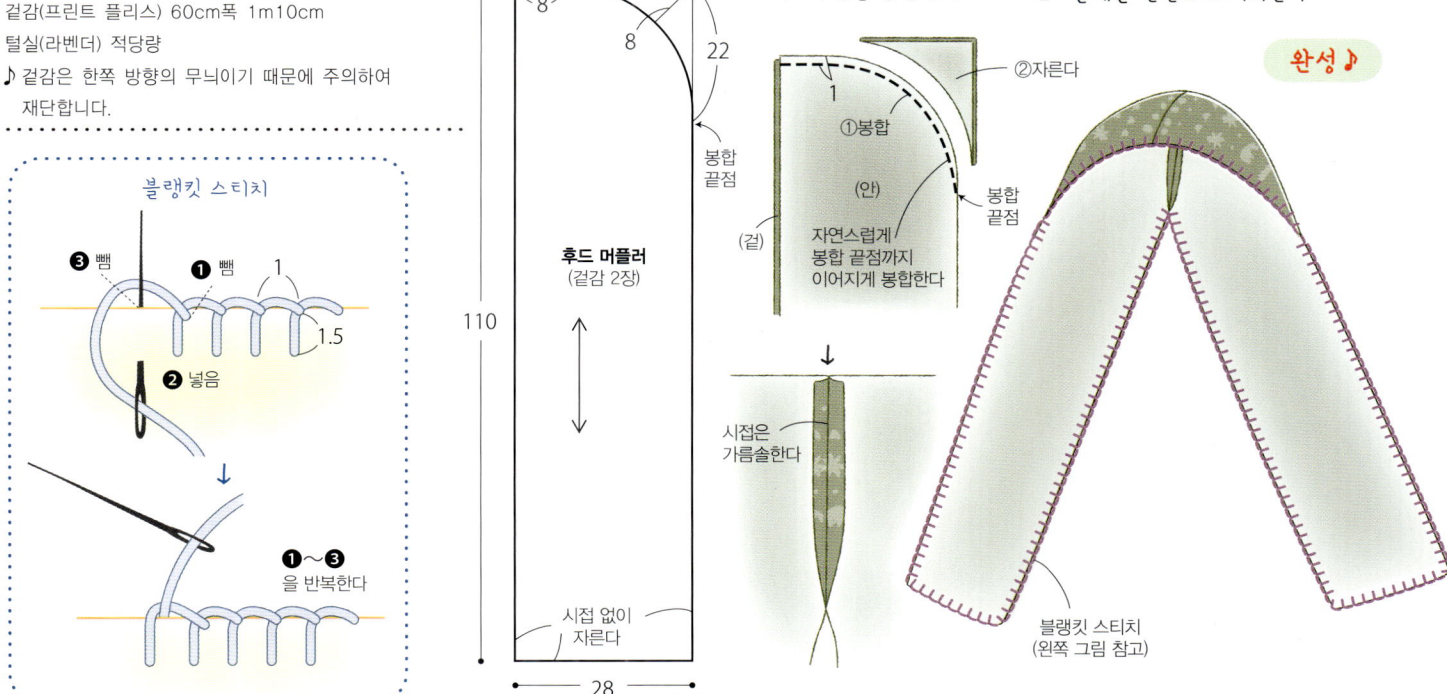

15

11

리본을 풀어
무릎 덮개 대용으로 사용할 수 있습니다.

2way 스톨(stole)

꽃무늬의 자카드 니트 원단을 사용한

2way 스톨.

그로그랭 리본(grosgrain ribbon)을 조여서

묶으면 볼레로 같은 분위기가 연출됩니다.

how to make ✳ ✳ ✳ 15 페이지

제작 ✳ 新家幸枝

간단하게 만드는 후드 머플러

추운 날에 유용한 후드 머플러.

다루기 쉬운 플리스(fleece) 소재이기 때문에,

간단하게 후드 머플러를 만들 수 있습니다.

후드를 쓰고 머플러를 돌돌 감아

따뜻하게 외출합시다.

12

how to make ✳✳✳ 15 페이지

제작 ✳新家幸枝

보라색의 블랭킷 스티치가 포인트.

3way 스톨(stole)

블랙와치의 3way 스톨은 판초, 볼레로, 스커트로
다양하게 사용할 수 있기 때문에 한 벌 있으면 유용합니다.

단추 잠그는 위치를 바꾸면 볼레로로 변신.

13

허리에 감으면 스커트로 변신.

how to make ✳✳✳ 19 페이지
제작 ✳ 小林かおり

18

13 스톨

재료
겉감(컬러 넵 체크) 70cm폭 1m60cm
접착심 25cm폭 25cm
단추 지름 2cm폭 10개

· ·

제도

＊ 제도 안 ◯ 의 숫자 시접 치수를 주어 재단합니다.
지정되지 않은 곳은 1cm의 시접을 주어 재단합니다.

접착심

4.5

5

5

단추

9

2

9

9

2

9

4.5

150

스톨
(겉감 1장)

5

5

4.5

9

2

9

2

9

9

9

5

3 14

2

14

0.2

15

주머니
(겉감 1장)

1.2

10

4.5

42

단춧구멍

단추

접착심

단춧구멍
0.2
(단추의 두께)
2 (단추의 지름)
원단 끝

만드는 방법

1 접착심을 붙이고, 모서리를 정리한다

＊ 단추와 단춧구멍의 위치에 접착심을 붙인다

(안)

①접착심을 붙인다

4.5

5

②지그재그봉제
또는 오버록 처리

③접음

(안)

90°

④봉합

⑤자른다

1

2 주머니를 만들어 단다

(겉)

0.5

홈질
(28페이지 참고)

두 번 접어 상침

(안)

2.2

0.8

⑥

(겉)

⑦시접을 가름솔한다

⑥접음

⑨상침

(안)

⑧겉으로 뒤집는다

＊ 두꺼운 종이로 주머니의 패턴과 같게 만든다

(안)

두꺼운 종이를 겹친다

실을 당겨 곡선 부분을 정리한다

주머니를 상침해 단다

3 단춧구멍을 뚫고, 단추를 단다

완성♪

19

14

15

룸슬리퍼

니트 무늬의

기모 프린트가 재밌는 룸슬리퍼.

마음에 드는 원단으로 만들면

집 안에서의 시간이 한층 즐거워질 것 같습니다.

how to make ＊ ＊ ＊ 22 페이지

제작 ＊ 小林かほり

16

폭신폭신 룸슈즈

통통한 모양이 귀여운 룸슈즈.

발목까지 푹 감싸주는 디자인이기 때문에

발을 따뜻하게 지켜줍니다.

how to make ＊＊＊ 23 페이지

제작 ＊小林かほり

폭신폭신한 착용감이 좋습니다.

재료

겉감(플란넬 기모) 108cm폭 30cm
배색천(인조 스웨이드) 30cm폭 30cm
안감(코튼) 110cm폭 40cm
퀼팅솜 100cm폭 30cm
접착심 90cm폭 30cm
♪ 배색천은 털방향이 있는 원단이기 때문에
  털의 결 방향으로 재단합니다.

* 지정되지 않은 곳은 1cm의 시접을 주어 재단합니다.

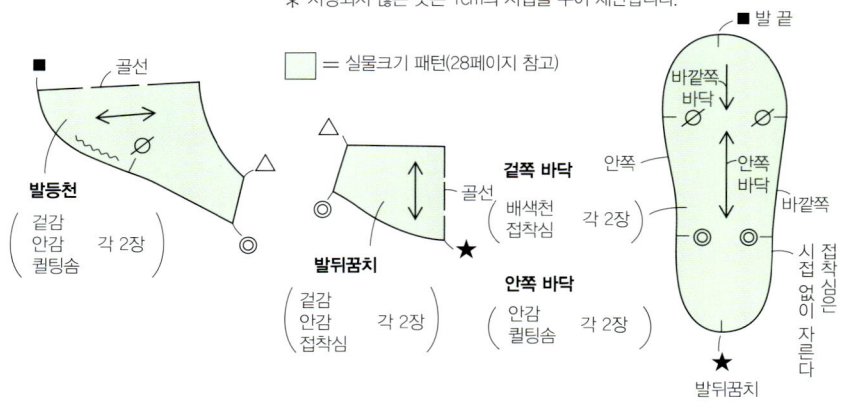

■ = 골선
□ = 실물크기 패턴(28페이지 참고)

발등천
겉감
안감   각 2장
퀼팅솜

발뒤꿈치
겉감
안감   각 2장
접착심

겉쪽 바닥
배색천
접착심   각 2장

안쪽 바닥
안감
퀼팅솜   각 2장

■ 발 끝
바깥쪽 바닥
안쪽 바닥
접착심은 시접없이 자른다
★ 발뒤꿈치

만드는 방법

1 발등천과 발뒤꿈치천을 맞춰 봉합한다

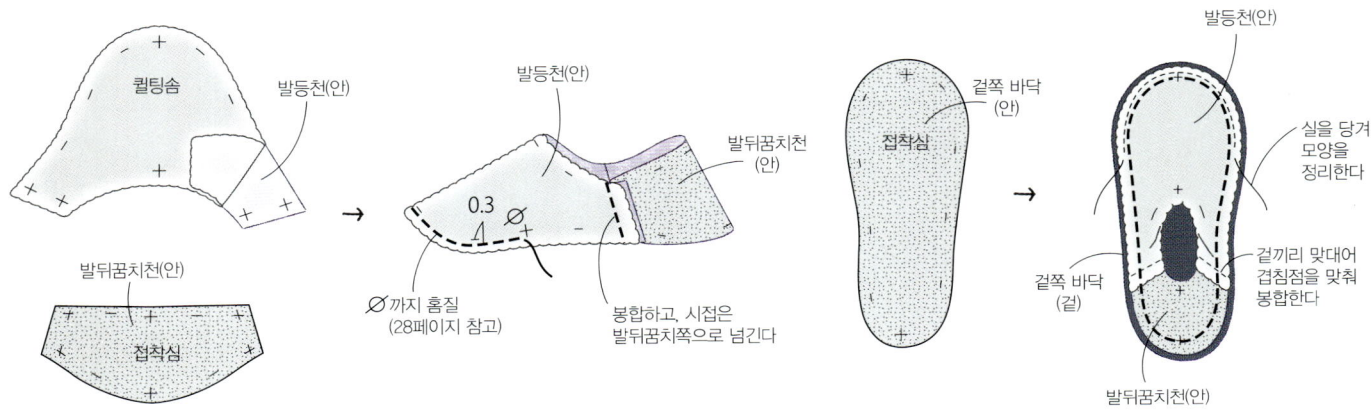

퀼팅솜
발등천(안)
발뒤꿈치천(안)
접착심
발등천(안)
발뒤꿈치천(안)
0.3
∅까지 홈질 (28페이지 참고)
봉합하고, 시접은 발뒤꿈치쪽으로 넘긴다

2 겉쪽 바닥을 단다

발등천(안)
겉쪽 바닥(안)
접착심
실을 당겨 모양을 정리한다
겉쪽 바닥(겉)
겉끼리 맞대어 겹침점을 맞춰 봉합한다
발뒤꿈치천(안)

3 안감을 만든다

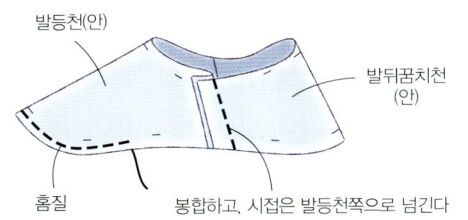

발등천(안)
발뒤꿈치천(안)
홈질
봉합하고, 시접은 발등천쪽으로 넘긴다

4 겉감과 안감을 겉끼리 맞대어 맞추고, 입구를 봉합한다

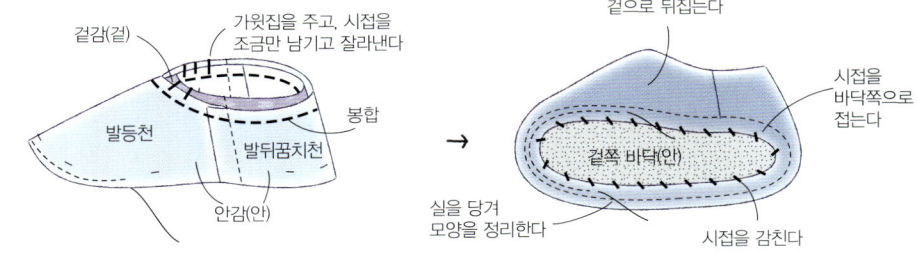

겉감(겉)
가윗집을 주고, 시접을 조금만 남기고 잘라낸다
발등천
봉합
발뒤꿈치천
안감(안)
겉으로 뒤집는다
겉쪽 바닥(안)
실을 당겨 모양을 정리한다
시접을 바닥쪽으로 접는다
시접을 감친다

5 안쪽 바닥을 단다

퀼팅솜
시접 없이 자른다
완성선으로 접는다
접착심
안쪽 바닥(겉)
안쪽 바닥(안)
①공그르기한다
②겉감쪽으로 뒤집는다

6 발뒤꿈치천을 접고, 공그르기한다

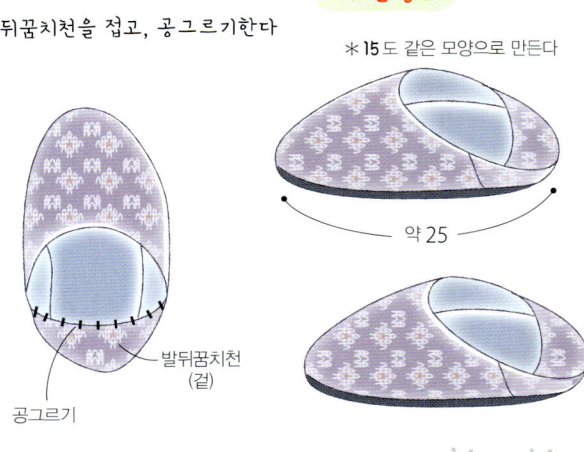

발뒤꿈치천(겉)
공그르기

14 완성♪

*15도 같은 모양으로 만든다

약 25

재료

겉감(프린트 보아) 145cm폭 80cm
배색천(인조 스웨이드) 30cm폭 30cm
퀼팅솜 30cm폭 30cm
접착심 75cm폭 50cm
벨벳리본 0.7cm폭 60cm
♪ 겉감·배색천은 털방향이 있는 원단이기 때문에
  털의 결 방향으로 재단합니다.
···

만드는 방법

＊ 지정되지 않은 곳은 1cm의 시접을 주어 재단합니다.

☐ = 실물크기 패턴(29페이지 참고)

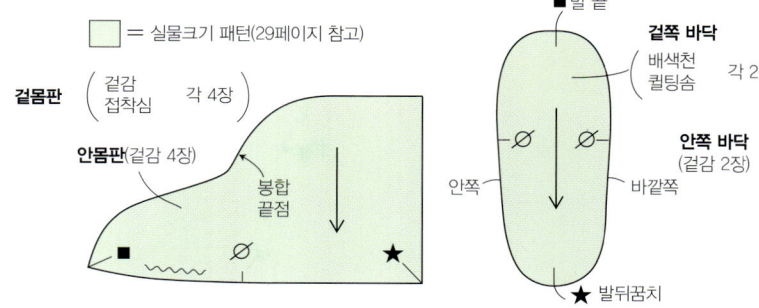

겉몸판 (겉감
        접착심) 각 4장

안몸판(겉감 4장)
봉합 끝점
■ 발 끝

■ 발 끝
겉쪽 바닥
배색천
퀼팅솜 각 2장

안쪽 바닥(겉감 2장)
안쪽   바깥쪽
★ 발뒤꿈치

1 겉·안몸판을 봉합 끝점까지 봉합한다

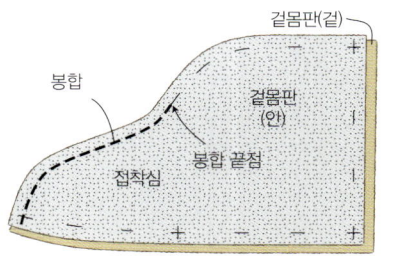

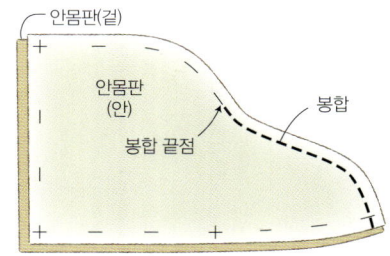

2 겉·안몸판을 맞추고 위 끝을
   봉합끝점까지 봉합한다

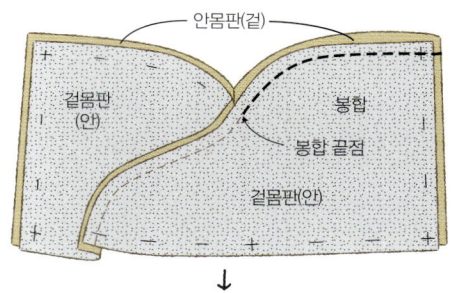

3 뒷중심선을 봉합한다

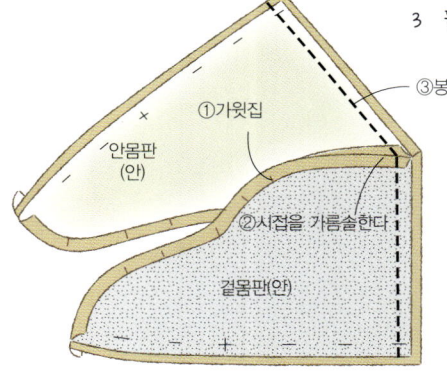

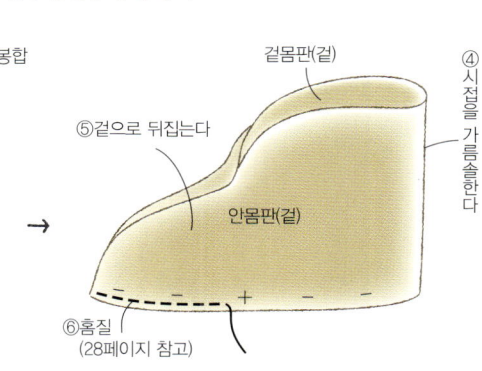

④시접을 가름솔한다

묶어 30cm의 벨벳리본을
몸판에 봉합해 단다

7
5
여분을 자른다

4 바깥쪽 바닥을 단다   5 안쪽 바닥을 단다   6 리본을 묶어 고정 봉합한다

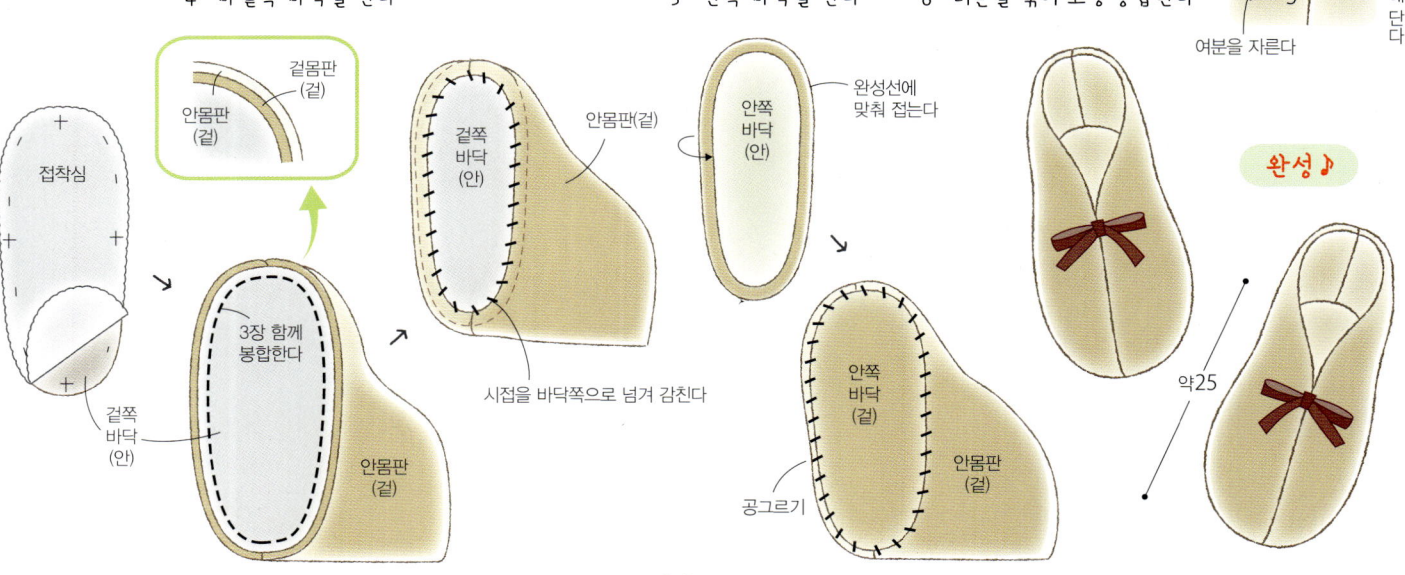

3장 함께 봉합한다
시접을 바닥쪽으로 넘겨 감친다
완성선에 맞춰 접는다
공그르기

완성♪

약25

복슬복슬 룸부츠

새하얀 룸부츠.

폭신폭신한 보아에는 귀여운 하트 무늬가 숨겨져 있습니다.

미끄러지지 않도록 바닥은 스웨이드 소재를 사용했습니다.

how to make ✳ ✳ ✳ 26 페이지

제작 ✳ 金丸かほり

17

울 퀼팅 원단과 보아를 조합한 룸부츠.

입구 부분을 접어 신으면 귀엽습니다.

시크한 색의 원단을 골라 어른스럽게 연출했습니다.

how to make ＊＊＊ 27페이지

제작 ＊ 金丸かほり

접지 않고 신어도 귀엽습니다.
보아가 다리를 따뜻하게 감싸줍니다.

뒤에는 털방울을 달았습니다.

18

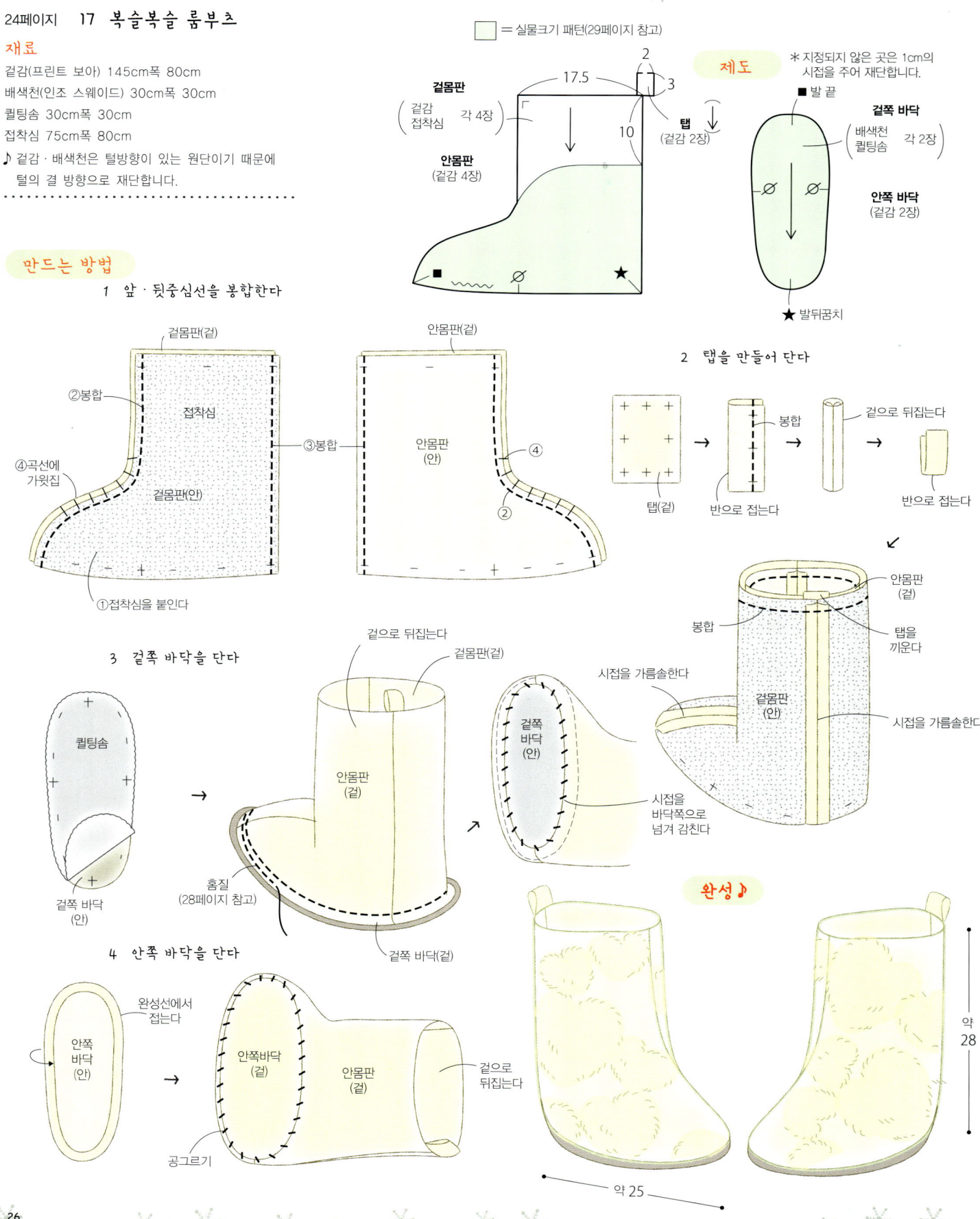

재료
겉감(프린트 보아) 145cm폭 80cm
배색천(인조 스웨이드) 30cm폭 30cm
퀼팅솜 30cm폭 30cm
접착심 75cm폭 80cm
♪ 겉감·배색천은 털방향이 있는 원단이기 때문에
　털의 결 방향으로 재단합니다.

= 실물크기 패턴(29페이지 참고)

제도

＊지정되지 않은 곳은 1cm의
　시접을 주어 재단합니다.

겉몸판
(겉감
접착심) 각 4장

17.5
2
3
10

탭
(겉감 2장)

안몸판
(겉감 4장)

■ 발 끝
겉쪽 바닥
(배색천
퀼팅솜) 각 2장

안쪽 바닥
(겉감 2장)

★ 발뒤꿈치

만드는 방법

1 앞·뒷중심선을 봉합한다

겉몸판(겉)
②봉합
접착심
겉몸판(안)
④곡선에 가윗집
①접착심을 붙인다

③봉합

안몸판(겉)
안몸판(안)
④
②

2 탭을 만들어 단다

탭(겉)
반으로 접는다
봉합
겉으로 뒤집는다
반으로 접는다

봉합
안몸판(겉)
탭을 끼운다
시접을 가름솔한다
겉몸판(안)
시접을 가름솔한다

3 겉쪽 바닥을 단다

퀼팅솜
겉쪽 바닥(안)

겉으로 뒤집는다
겉몸판(겉)
안몸판(겉)
홈질(28페이지 참고)
겉쪽 바닥(겉)

겉쪽 바닥(안)
시접을 바닥쪽으로 넘겨 감친다

4 안쪽 바닥을 단다

안쪽 바닥(안)
완성선에서 접는다

안쪽바닥(겉)
안몸판(겉)
겉으로 뒤집는다
공그르기

완성♪

약 28
약 25

재료

겉감(울 퀼팅 원단) 112cm폭 90cm
배색천A(보아) 110cm폭 90cm
배색천B(인조 스웨이드) 30cm폭 30cm
퀼팅솜 30cm폭 30cm
접착심 112cm폭 70cm
고무줄 0.5cm폭 70cm
리본 0.3cm폭 60cm
장식(털방울) 지름 약3cm 4개
♪ 배색천은 털방향이 있는 원단이기 때문에 털의 결 방향으로 재단합니다.

= 실물크기 패턴(29페이지 참고)

제 도

＊ 지정되지 않은 곳은 1cm의
 시접을 주어 재단합니다.

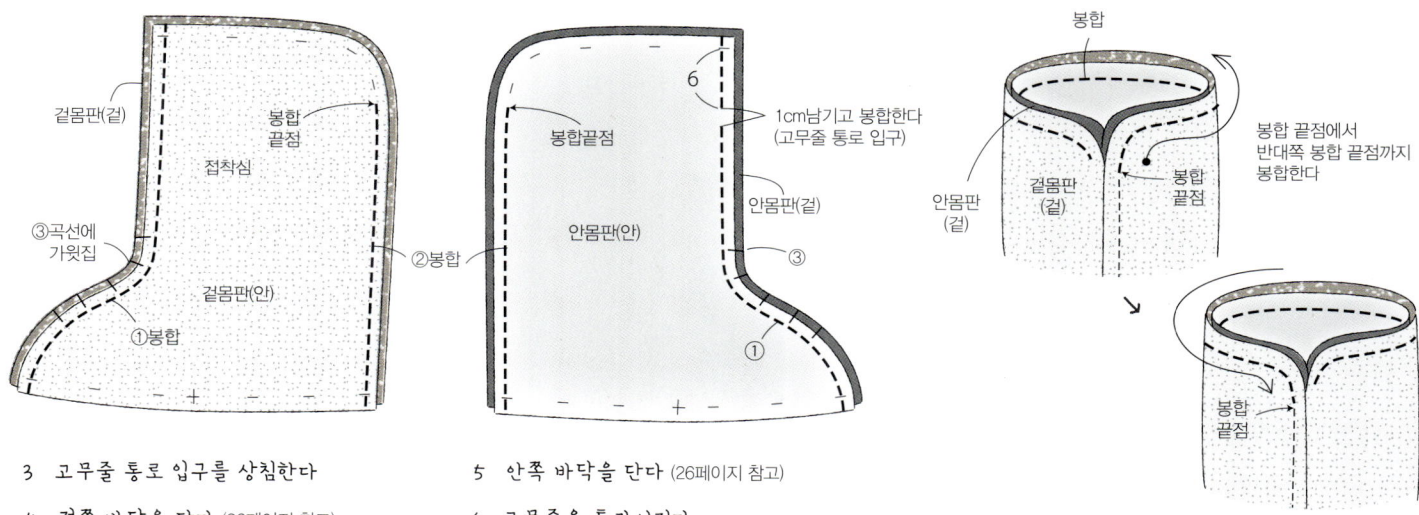

겉몸판
겉감
접착심 각 4장

안몸판
(배색천A 4장)

20
6   1.5   6
1
9
0.8

봉합 끝점
리본 다는 위치

■ 발 끝

겉쪽 바닥
배색천
퀼팅솜 각 2장

안쪽 바닥
(배색천A 2장)

겉쪽
바닥
안쪽
바닥

★ 발뒤꿈치

만드는 방법

1 앞·뒷중심선을 봉합한다

겉몸판(겉)
접착심
③곡선에 가윗집
겉몸판(안)
①봉합
봉합끝점

6
봉합끝점
안몸판(안)
②봉합
③
①
1cm남기고 봉합한다
(고무줄 통로 입구)
안몸판(겉)

2 겉·안몸판을 맞춰 위 끝을 봉합한다

봉합
안몸판(겉)
겉몸판(겉)
봉합끝점
봉합 끝점에서
반대쪽 봉합 끝점까지
봉합한다

봉합끝점

3 고무줄 통로 입구를 상침한다

4 겉쪽 바닥을 단다 (26페이지 참고)

5 안쪽 바닥을 단다 (26페이지 참고)

6 고무줄을 통과시킨다

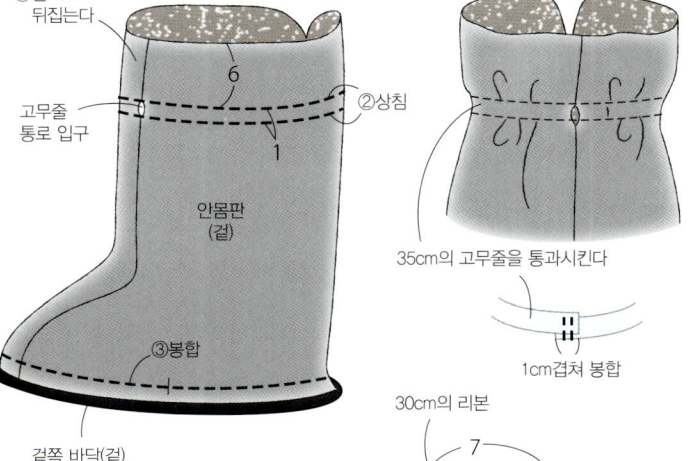

①겉으로 뒤집는다
6
②상침
1
고무줄 통로 입구
안몸판(겉)
③봉합
겉쪽 바닥(겉)

35cm의 고무줄을 통과시킨다
1cm겹쳐 봉합

30cm의 리본
7
5
리본에 봉합해 단다

7 리본을 묶고 봉합해 단다

완성♪

약 33
약 25

* 패턴에는 시접이 포함되어 있지 않습니다.

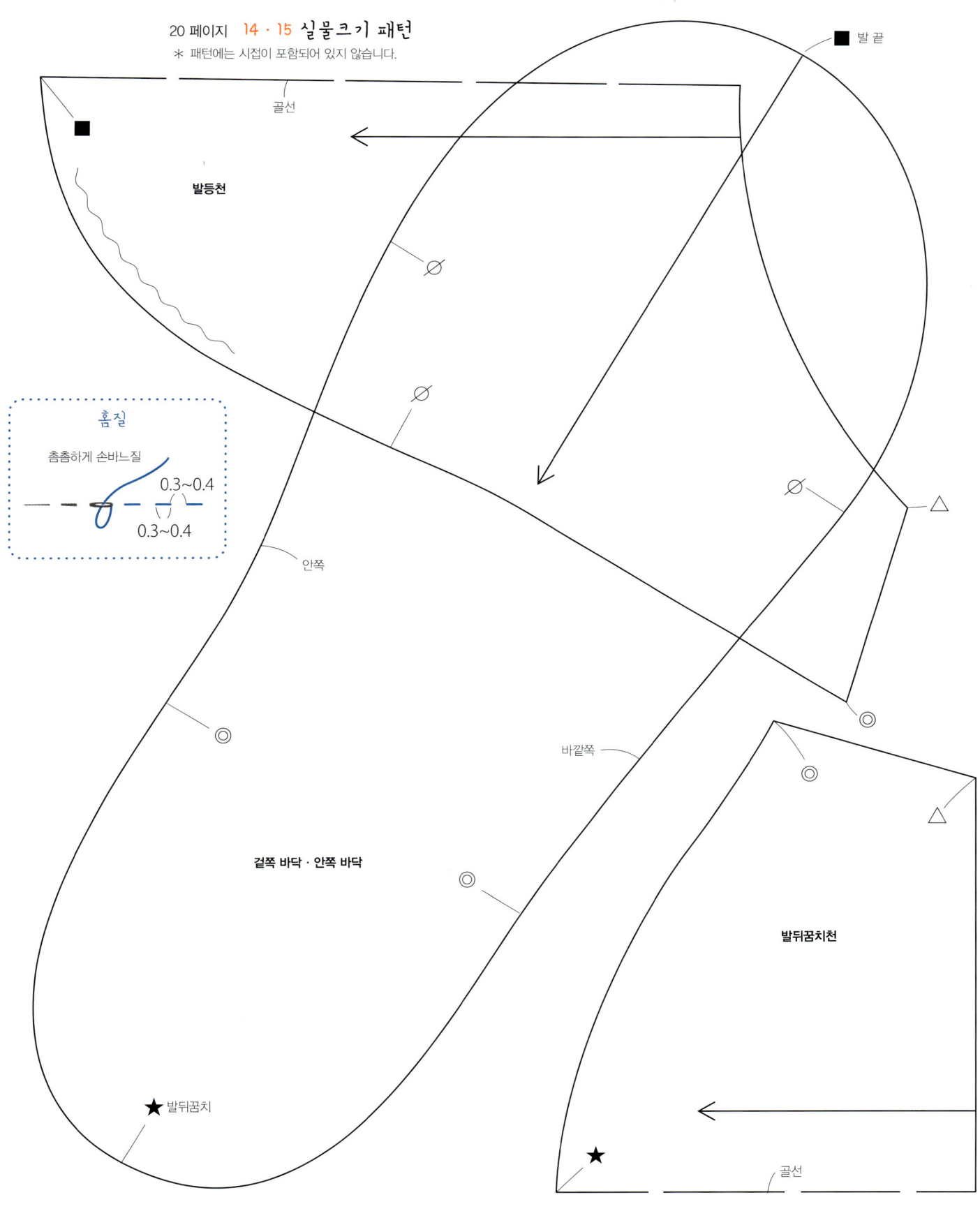

골선

■ 발 끝

■

발등천

∅

∅

홈질

촘촘하게 손바느질

0.3~0.4

0.3~0.4

안쪽

∅

△

◎

바깥쪽

◎

겉쪽 바닥 · 안쪽 바닥

△

◎

발뒤꿈치천

★ 발뒤꿈치

★

골선

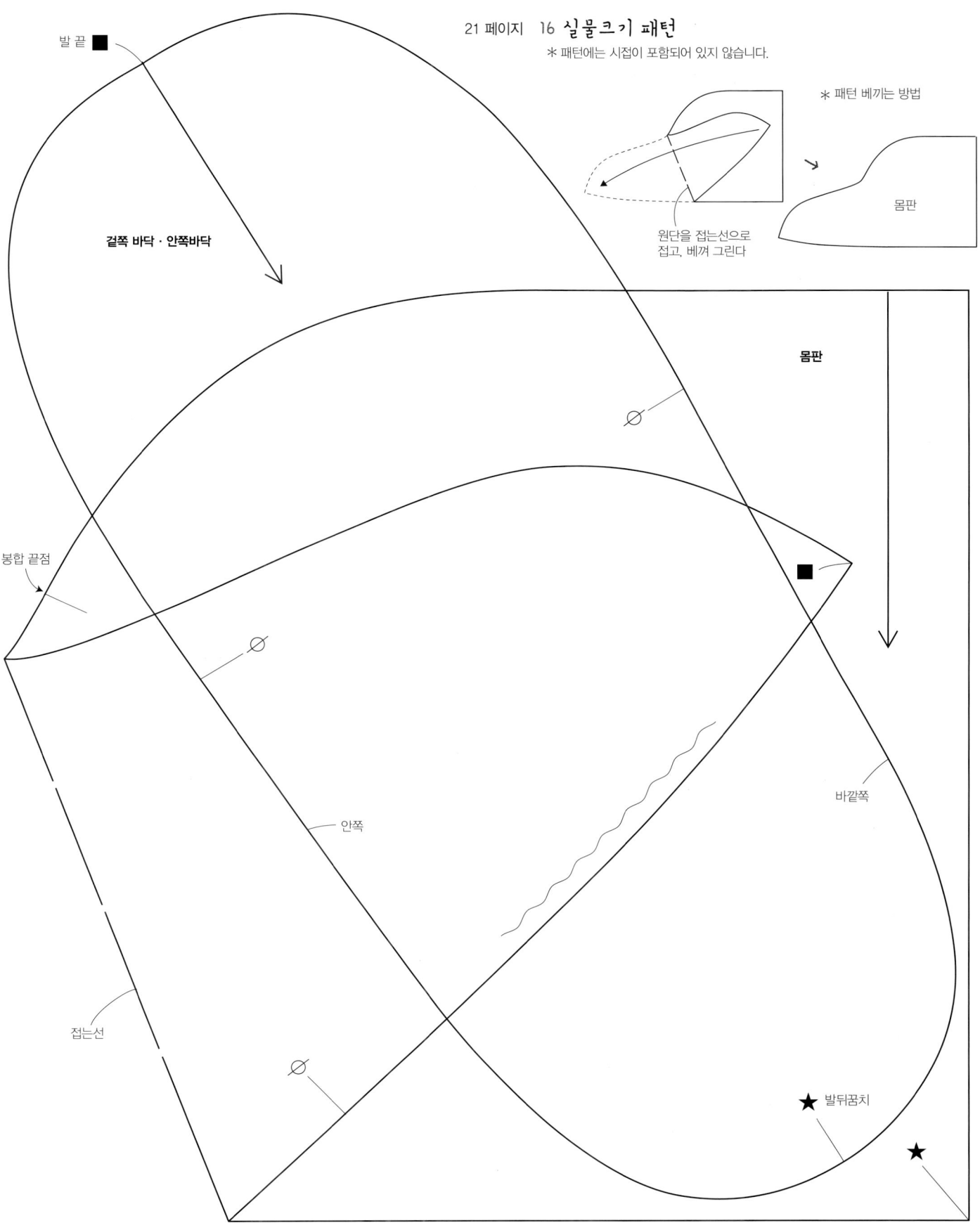

* 패턴에는 시접이 포함되어 있지 않습니다.

발 끝 ■

겉쪽 바닥 · 안쪽바닥

* 패턴 베끼는 방법

몸판

원단을 접는선으로
접고, 베껴 그린다

몸판

봉합 끝점

Ø

Ø

■

바깥쪽

안쪽

접는선

Ø

★ 발뒤꿈치

★

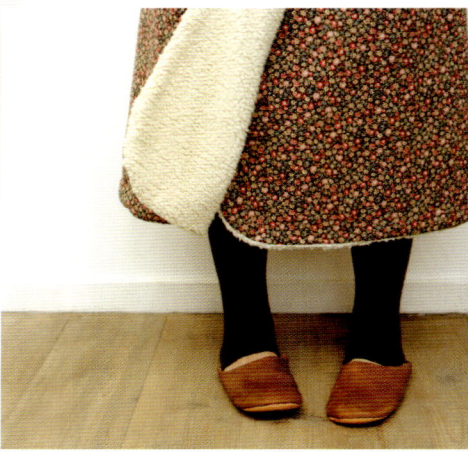

스커트의 안쪽은 넥 워머와 같은
폭신한 보아로 되어 있습니다.

19

20

넥 워머와
롱 랩스커트

목과 허리를 추위로부터
지켜주는 따뜻한 세트 아이템.
스커트는 기모 소재의
꽃무늬 프린트로 귀엽게.
세트로도, 단품으로도 사용할 수 있어 편리합니다.

how to make ＊＊＊ 32 페이지

제작 ＊千葉美枝子

랩스커트와
레그 워머

추울 때 간편하게 걸칠 수 있는

플리스 원단의 랩스커트.

노르딕 보더 무늬가 멋스럽습니다.

랩스커트와 같은 원단으로

레그 워머도 만들면

추위도 거뜬하게 견딜 수 있습니다!

how to make ＊＊＊ 33 페이지

제작 ＊千葉美枝子

21

22

30 페이지 20 롱 랩스커트

재료

겉감(코튼 기모) 110cm폭 1m80cm
배색천(보아) 110cm폭 1m80cm
그로그랭 리본 1.5cm폭 1m30cm
스냅단추(大) 1쌍

만드는 방법

1 주머니를 만들어 단다
   (19페이지 참고)

2 옆선을 봉합한다 (33페이지 참고)

3 스커트 두 장을 겉끼리 맞대어 맞추고,
   둘레를 봉합한다

① 사이에 묶는 끈을 끼운다

② 봉합
묶는 끈
안뒤(겉)
위 앞(안)   뒤(안)   아래 앞(안)
(창구멍을 남기고 봉합한다)
20

4 스냅단추를 단다

③ 창구멍을 통해 겉으로 뒤집고 공그르기한다

스냅단추
완성♪

---

*제도 안 ( )의 숫자(시접 치수)를 주어 재단합니다.
지정되지 않은 곳은 1cm의 시접을 주어 재단합니다.

제도

20.5 · 56 · 1.5
2 · 0.5 · 1.5 · 13
80
뒷중심선 골선
뒤 (겉감 배색천 각 1장)
35 · 2.5

묶는 끈 (그로그랭 리본 · 왼쪽 옆만)
주머니 (겉감 1장)

20.5 · 1 · 0.5 · 1.5
13 · 1.5 · 0.5 · 15 · 16 · 1.5
3
13 · 2.5 · 13 · 8
0.2 · 1
(오른쪽만)
앞 (겉감 배색천 각 2장)
앞중심선
79
35 · 2.5 · 4

묶는 끈 (그로그랭 리본 · 위 앞 옆만)
61

스냅단추 위치
스냅단추 (위 앞 안쪽면) · 1
스냅단추 (아래 앞)
앞
앞중심선 · 1
스냅단추 · 1

겉감 · 배색천

1.5

---

30 페이지 19 넥 워머

재료

겉감(보아) 110cm폭 40cm

만드는 방법

1 두 장을 겉끼리 맞대고, 둘레를 봉합한다

(겉)
넥 워머(안)   (창구멍을 남기고 봉합한다)
봉합
40 · 20

2 겉으로 뒤집고, 한쪽을 접는다

16
17
② 접음
③ 상침
① 창구멍을 통해 겉으로 뒤집고 공그르기한다

완성♪

창구멍
16
15.5
접음선
넥 워머(겉감 2장)
2
105

32

31 페이지 21 랩스커트

재료

겉감(프린트 플리스) 150cm폭 90cm
그로그랭 리본 1.5cm폭 1m30cm
스냅단추(大) 1쌍
♪ 겉감은 한쪽 방향의 무늬이기 때문에
　주의하여 재단합니다.

만드는 방법

1 주머니를 만들어 단다
　(19페이지 참고)

2 옆선을 봉합한다

제도

＊ 제도 안(□)의 숫자(시접 치수)를 주어 재단합니다.
　지정되지 않은 곳은 1cm의 시접을 주어 재단합니다.

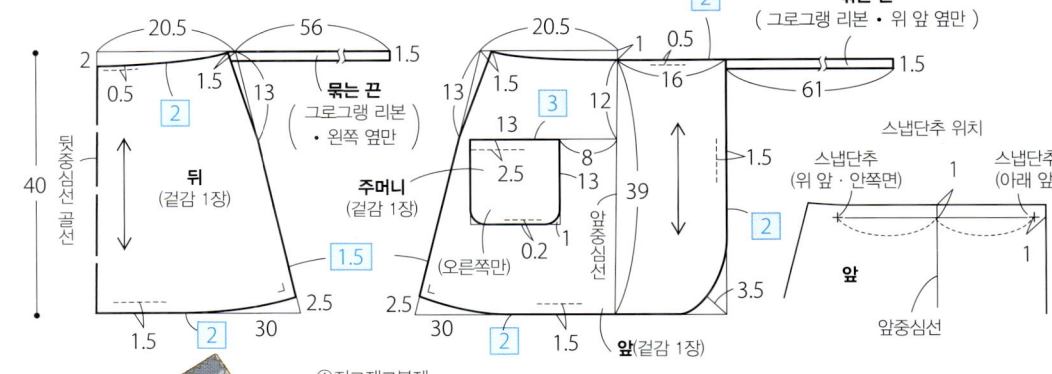

묶는 끈
(그로그랭 리본·위 앞 옆만)

뒤(겉감 1장)
묶는 끈
(그로그랭 리본·왼쪽 옆만)

주머니(겉감 1장)
(오른쪽만)

앞(겉감 1장)

스냅단추 위치

스냅단추
(위 앞·안쪽면)

스냅단추
(아래 앞)

앞

앞중심선

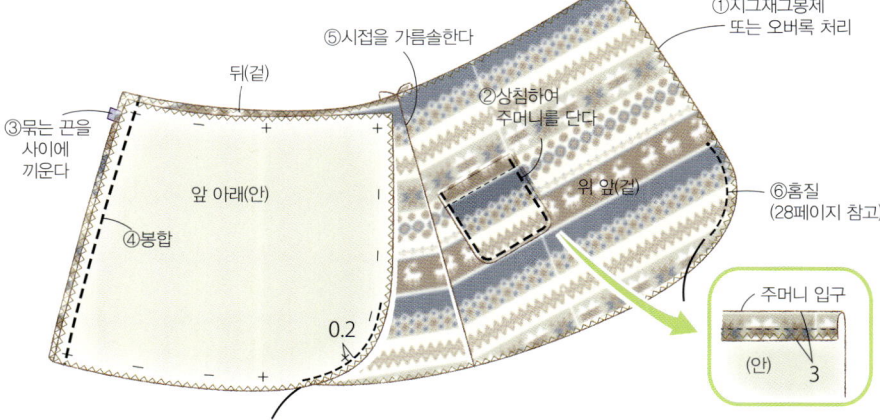

①지그재그봉제
또는 오버록 처리

②상침하여
주머니를 단다

⑤시접을 가름솔한다

뒤(겉)

③묶는 끈을
사이에
끼운다

④봉합

앞 아래(안)

위 앞(겉)

⑥홈질
(28페이지 참고)

0.2

주머니 입구

(안)
3

3 앞 끝, 밑단선을 봉합한다

4 허리를 봉합한다

묶는 끈

(겉)

①임시고정 봉합

0.5

③완성선으로 접는다

(안)

②완성선으로
접는다

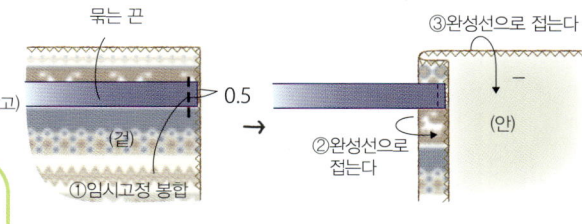

④상침

⑤상침

⑥공그리기

위 앞
(안)

곡선 정리하는 방법(19페이지 참고)

5 스냅단추를 단다

---

31 페이지 22 레그 워머

재료

겉감(프린트 플리스) 150cm폭 90cm
고무줄 0.7cm폭 2m80cm
♪ 겉감은 한쪽 방향의 무늬이기 때문에
　주의하여 재단합니다.

제도

＊ 1cm의 시접을 주어 재단합니다.

레그 워머(겉감 4장)

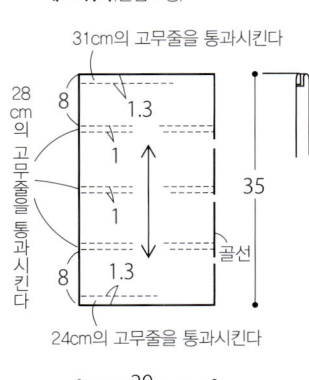

31cm의 고무줄을 통과시킨다

28cm의 고무줄에 통과시킨다

8
1.3
1
1
1.3

35

골선

24cm의 고무줄을 통과시킨다

20

만드는 방법

1 원단을 반으로 접고, 봉합한다 (14페이지 참고)

2 두 장을 겉끼리 맞대어 위·아래를 봉합한다

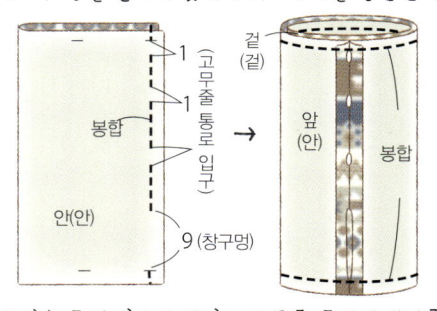

봉합

안(안)

(고무줄 통로 입구)

겉(겉)

앞(안)

봉합

9 (창구멍)

3 창구멍을 통해 겉으로 뒤집고 고무줄 통로의 위치를
　봉합한다

4 고무줄을 통과시키고, 창구멍을 공그르기한다

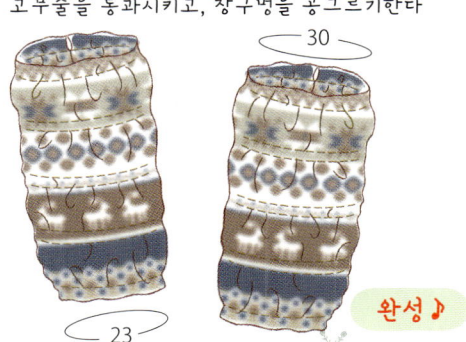

30

23

완성♪

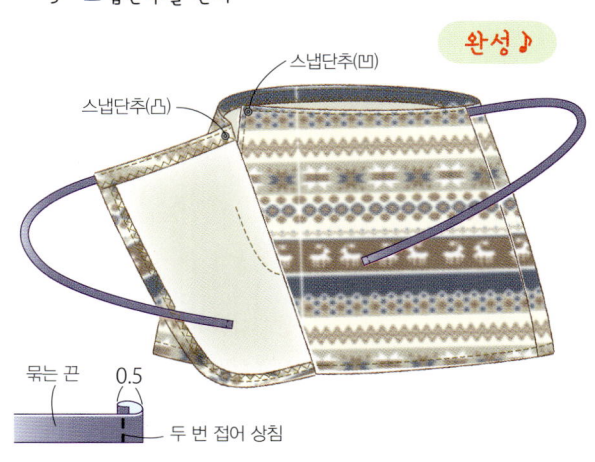

완성♪

스냅단추(凹)

스냅단추(凸)

묶는 끈

0.5

두 번 접어 상침

따뜻한 팬츠

방한에 딱인 따뜻한 팬츠.

파스텔 컬러와 그레이 컬러의 스트라이프 니트가 귀엽습니다.

밑위가 깊기 때문에 허리 주변을 한층 따뜻하게 해줍니다.

how to make ＊＊＊ 36 페이지

제작 ＊ 太田秀美

23

24

바디 워머

로맨틱한 꽃무늬와 레이스가 여성스러운 바디 워머.

배 주위를 부드럽게 감싸주는

소프트한 터치감의 니트 원단을 선택했습니다.

how to make ＊＊＊ 37 페이지

제작 ＊太田秀美

배 부분에 달린 주머니 안에 핫 팩(hot pack)을 넣어보세요.

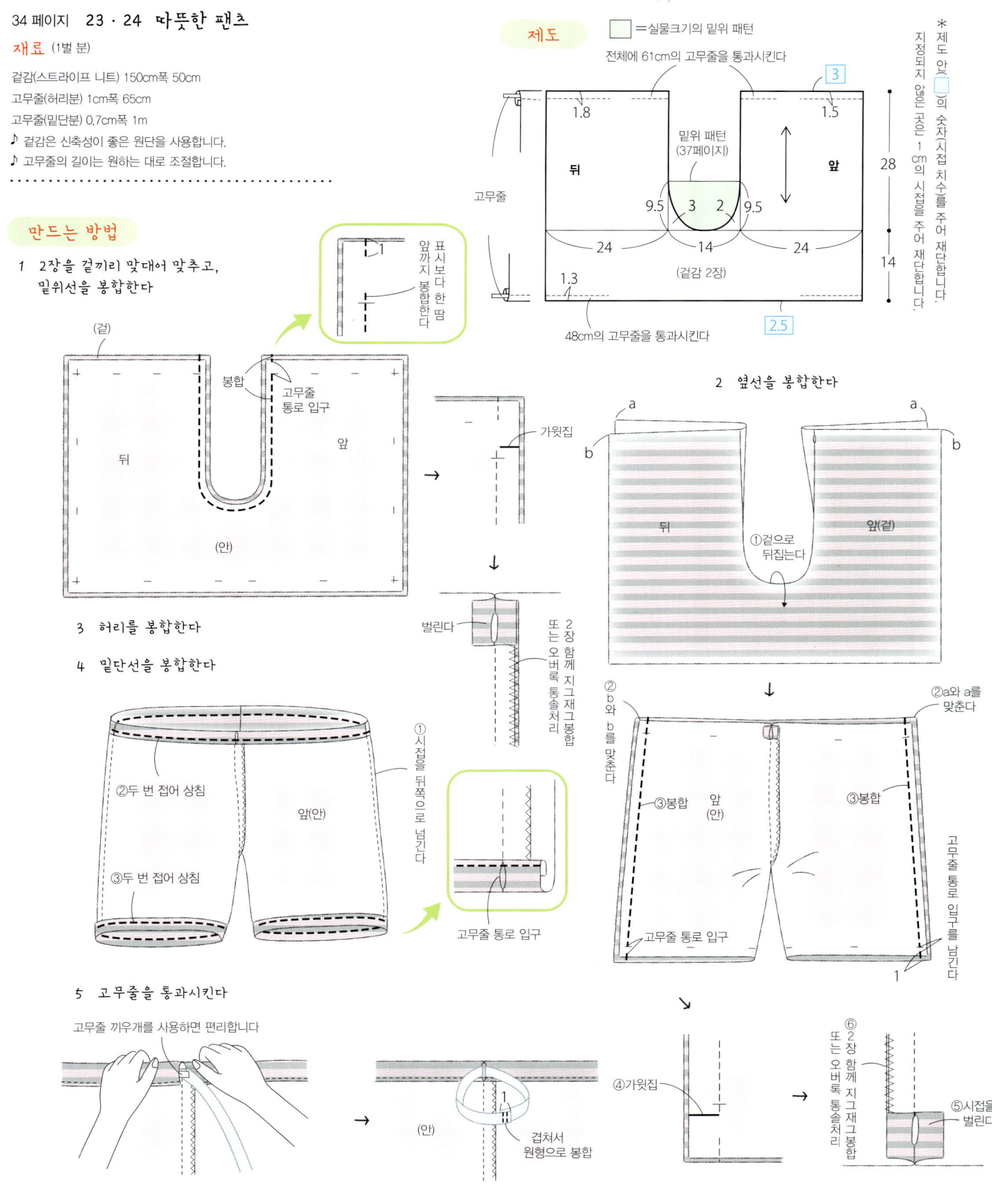

34 페이지 23·24 **따뜻한 팬츠**

재료 (1벌 분)

겉감(스트라이프 니트) 150cm폭 50cm
고무줄(허리분) 1cm폭 65cm
고무줄(밑단분) 0.7cm폭 1m
♪ 겉감은 신축성이 좋은 원단을 사용합니다.
♪ 고무줄의 길이는 원하는 대로 조절합니다.

만드는 방법

1 2장을 겉끼리 맞대어 맞추고,
밑위선을 봉합한다

앞 표시까지보다 한 땀 봉합한다

제도

☐=실물크기의 밑위 패턴

전체에 61cm의 고무줄을 통과시킨다

3

1.8   1.5

밑위 패턴
(37페이지)

뒤   **앞**

28

고무줄

9.5 3 2 9.5

24   14   24   14

(겉감 2장)

1.3

48cm의 고무줄을 통과시킨다

2.5

＊제도 안의 ☐의 숫자(시접 치수를 주어 재단합니다.
지정되지 않은 공은 1cm의 시접을 주어 재단합니다.

(겉)

봉합
고무줄 통로 입구

뒤   **앞**

(안)

가윗집

벌린다

2장 함께 지그재그 봉합 또는 오버록 통솔처리

2 옆선을 봉합한다

a   a
b   b

뒤   **앞(겉)**

①겉으로 뒤집는다

3 허리를 봉합한다

4 밑단선을 봉합한다

①시접을 뒤쪽으로 넘긴다

②두 번 접어 상침

앞(안)

③두 번 접어 상침

고무줄 통로 입구

②b와 b를 맞춘다

②a와 a를 맞춘다

③봉합 **앞(안)** ③봉합

고무줄 통로 입구

고무줄 통로 입구를 남긴다

1

5 고무줄을 통과시킨다

고무줄 끼우개를 사용하면 편리합니다

(안)

1
겹쳐서 원형으로 봉합

④가윗집

⑥2장 함께 지그재그 봉합 또는 오버록 통솔처리

⑤시접을 벌린다

35 페이지 25 · 26 바디 워머

재료 (1벌 분)
겉감(니트) 92cm폭 50cm
고무줄 레이스(허리분) 1.8cm폭 65cm
장식 리본 1개
♪ 겉감은 신축성이 좋은 원단을 사용합니다.

만드는 방법

1 주머니를 만들어 단다
(19페이지 참고)

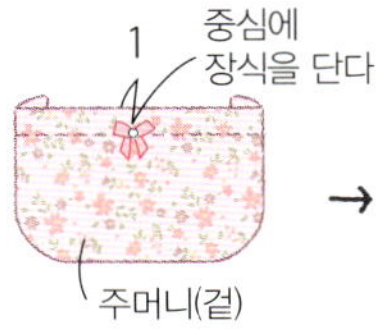

2 오른쪽 옆선을 봉합한다

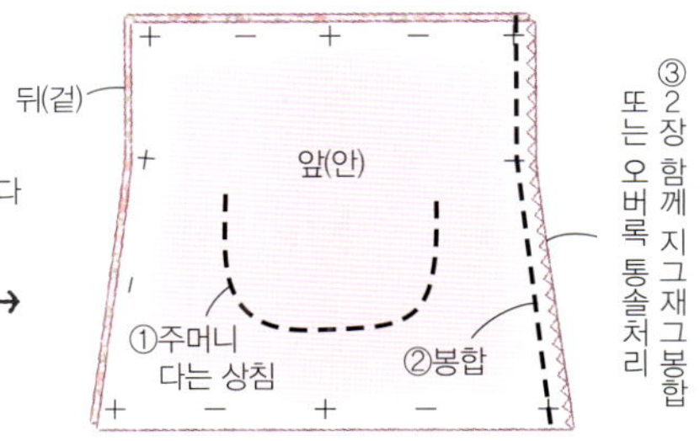

뒤(겉)
앞(안)
①주머니 다는 상침
②봉합

③2장 또는 오버록 통솔처리

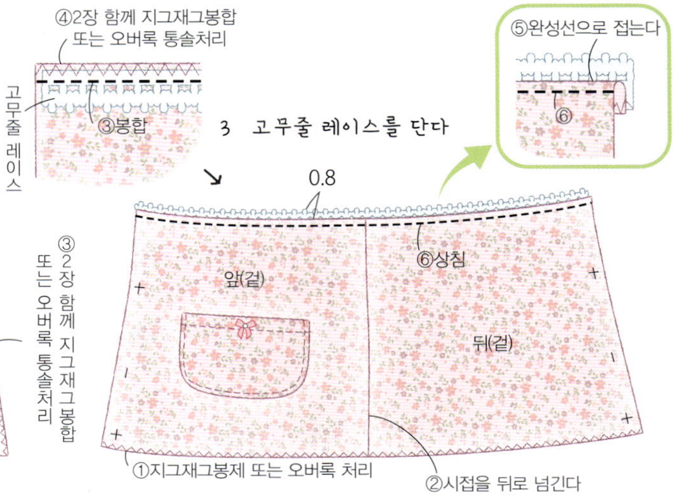

4 왼쪽 옆선을 봉합한다

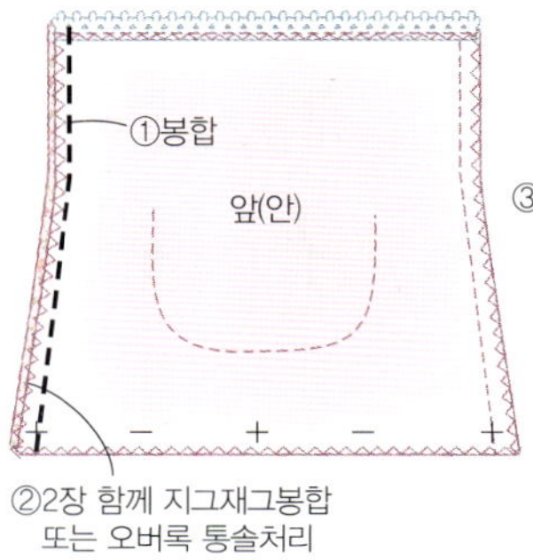

①봉합
앞(안)
②2장 함께 지그재그봉합 또는 오버록 통솔처리

5 밑단선을 정리한다

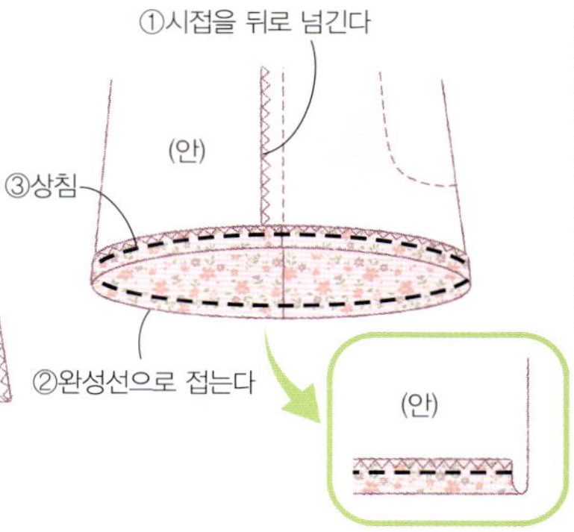

①시접을 뒤로 넘긴다
③상침
(안)
②완성선으로 접는다
(안)

④2장 함께 지그재그봉합 또는 오버록 통솔처리
고무줄 레이스
③봉합

3 고무줄 레이스를 단다

⑤완성선으로 접는다
⑥

0.8
앞(겉)
⑥상침
뒤(겉)
①지그재그봉제 또는 오버록 처리
②시접을 뒤로 넘긴다

25 완성♪
60
* 26도 같은 방법으로 만든다
68

제도

앞·뒤
(겉감 각 1장)

30
30
34
10
0.2
3
2
1.5
10
1
16
1
1.5
1.5
(앞만)
고무줄 레이스
주머니 입구
주머니(겉감 1장)

1
중심에 장식을 단다
주머니(겉)

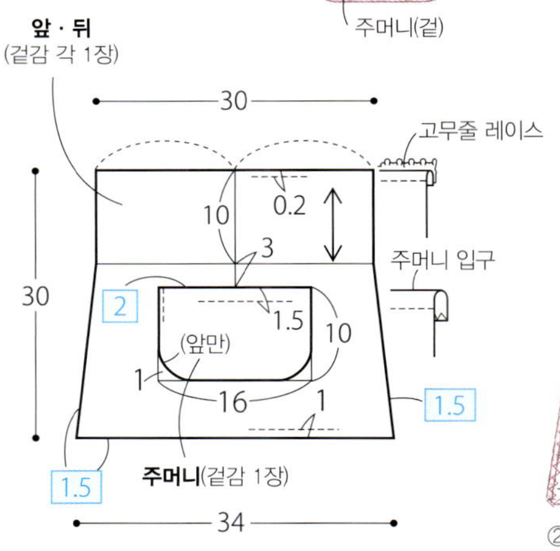

* 제도 안(□)의 숫자(시접 치수)를 주어 재단합니다.
지정되지 않은 곳은 1cm의 시접을 주어 재단합니다.

23 완성♪
* 24도 같은 방법으로 만든다
60
47

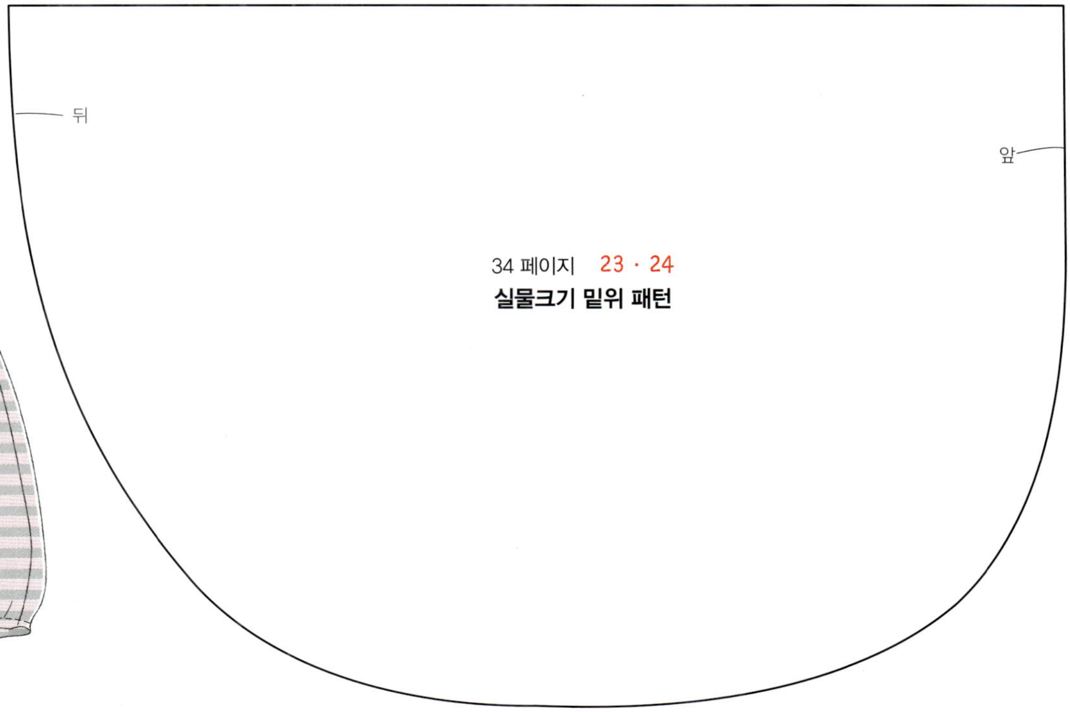

뒤
앞

**34 페이지 23 · 24
실물크기 밑위 패턴**

37

판초 블랭킷과 양말

사각형에 가윗집을 넣은 듯한
평면적인 블랭킷.
스냅단추를 잠가 걸치면
귀여운 판초풍의 디자인으로 변신.
같은 원단으로 만든 양말을 매치하면
추운 날씨 따위는 두렵지 않습니다.

how to make ＊＊＊ 40 페이지

제작 ＊金丸かほり

27

28

같은 원단으로 만든 양말로
종아리까지 따뜻하게.
걸을 때는 미끄러지지 않도록
조심하세요.

스냅단추를 잠그지 않고 블랭킷으로 사용해도 좋습니다.
여유로운 시간을 따뜻하게 보낼 수 있어요.

펼치면 이런 모양이 됩니다.

38 페이지 27 판초 블랭킷

재료

겉감(체크무늬 양면 덤블링) 140cm폭 1m
스웨이드 테이프(바이어스천) 1.3cm폭 5m60cm
스냅단추(大) 6쌍

♪ 겉감은 털방향이 있는 원단이기 때문에
털의 결 방향으로 재단합니다.

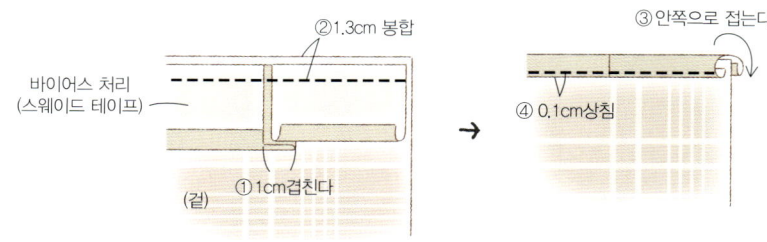

만드는 방법   1 둘레를 바이어스 처리한다

②1.3cm 봉합
③안쪽으로 접는다
바이어스 처리
(스웨이드 테이프)
④0.1cm상침
(겉)
①1cm겹친다

제도   ＊ 시접 없이 재단합니다.

＝ 실물크기 패턴(41페이지 참고)

2 스냅단추를 단다

스냅단추
(凹·안쪽면)
바이어스 처리

1 33
반지름8
16

스냅단추
(凸·안쪽면)

스냅단추
(凹·안쪽면)

반지름8
21.5

판초 블랭킷
(겉감 1장)

1
1

0.6

21.5

1
1

스냅단추
(凸·안쪽면)

140
cm
폭

스냅단추
(凹·안쪽면)
스냅단추
(凸·안쪽면)

16

바이어스 처리

1 33

98

스냅단추 고정

(凹)   (凸)

스냅단추
(凹)

스냅단추
(凸)

완성♪

---

38 페이지 28 양말

재료

겉감(체크무늬 양면 덤블링) 100cm폭 70cm
고무줄 1cm폭 60cm

♪ 겉감은 털방향이 있는 원단이기 때문에
털의 결 방향으로 재단합니다.

♪ 고무줄의 길이는 원하는 대로 조절합니다.

＝ 실물크기 패턴(41페이지 참고)

제도

전체에 28cm의 고무줄을 통과시킨다

9 9 2.5 9 9
1.5
1.5
38   38

앞
(겉감 2장)

★   ★

뒤
(겉감 2장)

★   ★
발뒤꿈치 패턴

패턴

발끝   발끝

발뒤꿈치

★   ★

바닥
(겉감 2장)

패턴

발끝

만드는 방법   1 발뒤꿈치를 봉합한다
2 발끝을 봉합한다

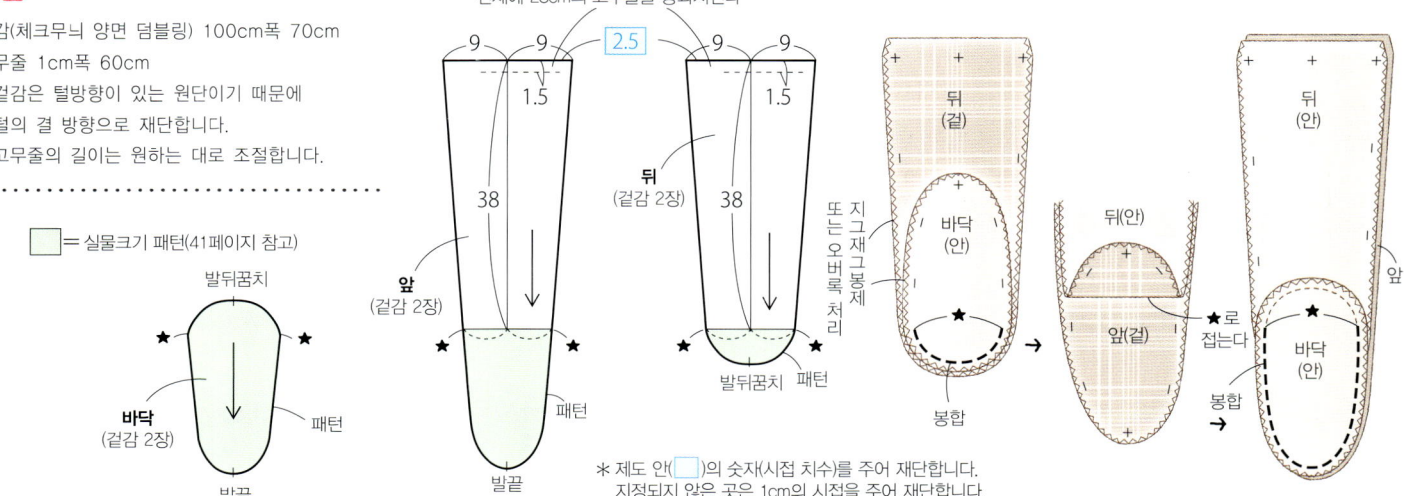

뒤
(겉)

바닥
(안)

지그재그봉제
또는오버록처리

뒤(안)

앞(겉)

★로
접는다

봉합

뒤
(안)

앞(겉

바닥
(안)

봉합

＊ 제도 안(☐)의 숫자(시접 치수)를 주어 재단합니다.
지정되지 않은 곳은 1cm의 시접을 주어 재단합니다.

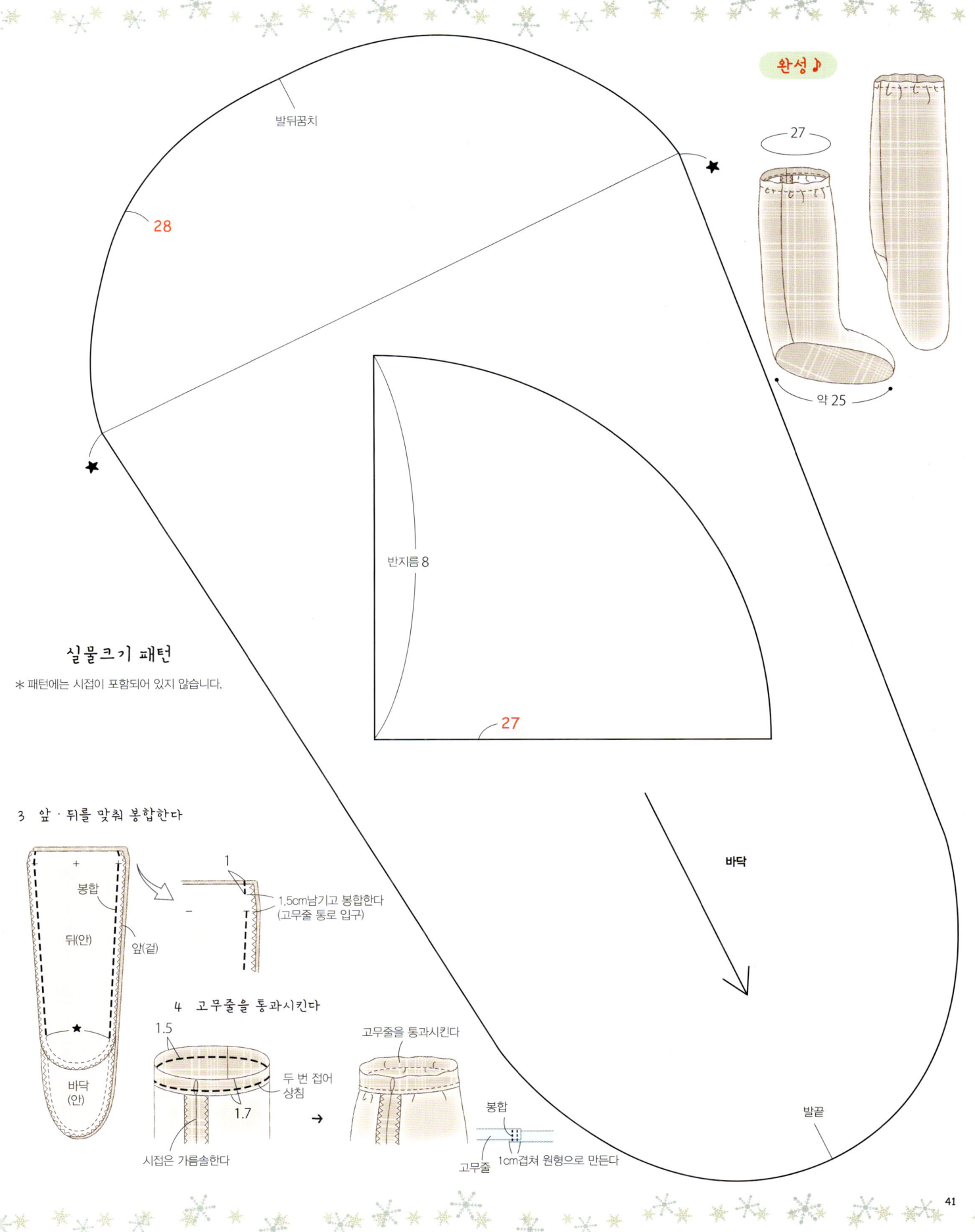

발뒤꿈치

28

완성♪

27

약 25

반지름 8

실물크기 패턴

＊패턴에는 시접이 포함되어 있지 않습니다.

27

바닥

3　앞·뒤를 맞춰 봉합한다

봉합

뒤(안)

앞(겉)

＋

－

1

1.5cm남기고 봉합한다
(고무줄 통로 입구)

바닥
(안)

4　고무줄을 통과시킨다

1.5

1.7

시접은 가름솔한다

두 번 접어
상침

고무줄을 통과시킨다

→

봉합

고무줄

1cm겹쳐 원형으로 만든다

발끝

숄더 워머

추워지기 쉬운 어깨와 목을 따뜻하게 해주는 체크 보아의 숄더 워머.

책을 읽거나, 텔레비전을 보거나……. 느긋한 휴식시간에 딱입니다.

앞은 벨크로 여밈입니다.

how to make ＊＊＊ 44 페이지

제작 ＊小澤のぶ子

뒤쪽이 긴 디자인이기 때문에
등도 춥지 않아요.

29

옷깃을 세우면 목도 따뜻합니다.

헤어밴드와 이불 커버

귀여운 순록 무늬의 플리스 원단으로 만든 헤어밴드와 이불 커버.

이 이불 커버가 있으면 틈새로 들어오는 냉기도 걱정 없습니다.

이불 커버의 입구는 고무줄로 되어 있어서

이불이 쉽게 빠지지 않고, 또 커버와 이불을 간단하게

분리할 수 있습니다.

how to make ＊＊＊ 45 페이지

제작 ＊ 小澤のぶ子

31

30

헤어밴드도 이불 커버와
같은 원단으로 만들었습니다.
오늘은 어떤 꿈을 꾸게 될까요?

펼치면 이런 모습.
싱글 사이즈의 이불에 맞는 크기입니다.

43

재료

겉감(프린트 보아) 1m
니트 테이프 1.5cm폭 3m80cm
컬러 고무줄(바이어스천 · 네이비) 2cm폭 25cm
벨크로 2.5cm폭 4cm

♪ 겉감은 털방향이 있는 원단이기 때문에
  털의 결 방향으로 재단합니다.

만드는 방법   1 어깨선을 봉합한다

① 지그재그봉제 또는 오버록 처리
② 봉합
③ 시접을 가름솔한다
앞(안)
뒤(겉)

※ 제도 안(□)의 숫자(시접 치수)를 주어 재단합니다.
  지정되지 않은 곳은 1cm의 시접을 주어 재단합니다.

제도

골선 **칼라**(겉감 2장)
5.5 5.5
칼라 4.5 0.5 10
3
숨겨박기

8.5 — 28 — 28 — 8.5
2 6 1.5 1.5 6 22
57 바이어스 처리 바이어스 처리 42
뒤(겉감 1장) 앞(겉감 2장)
26 26 2 2
0 컬러 고무줄 다는 위치 2.5 2 4
벨크로(안쪽면) 3
0 4
2 29
26

2 바이어스 처리한다

1.5
① 봉합
니트 테이프(안)
② 고정 봉합한다
12cm의 컬러 고무줄
1
(안)

③ 감싼다
(안) ④ 봉합
(겉) 1.5
⑤ 누름 상침

3 칼라를 만들어 단다

칼라(겉)
완성선까지 봉합한다
칼라(안)
겉으로 뒤집는다
봉합
뒤(겉)
젖힌다

4 벨크로를 단다

4 벨크로
2.5
갈고리 모양(凸)(위 앞)
봉합
루프 모양(凹)(아래 앞)

칼라(겉)
숨겨박기 뒤(겉)

컬러 고무줄

완성 ♪

벨크로(凸) 벨크로(凹)

43 페이지 31 이불 커버

재료

겉감(프린트 플리스) 150cm폭 1m30cm
니트 테이프(바이어스천·브라운) 1.5cm폭 5m90cm
고무줄 1cm폭 2m40cm
♪ 겉감은 한쪽 방향의 무늬이기 때문에 주의하여 재단합니다.

제도 ＊ 제도 안의(☐)박스의 숫자(시접 치수)를 주어 재단합니다.

반지름6　　바이어스 처리　　반지름6　　1.5
0
A(겉감 1장)　　　　　　　　　　　　　　0.6
바이어스 처리
30
바이어스 처리
0
겹쳐서 봉합
반지름15
5
B(겉감 1장)
45
전체에 240cm의 고무줄을 통과시킨다
3　　　　　　2
75

만드는 방법　　1 B를 바이어스 처리한다

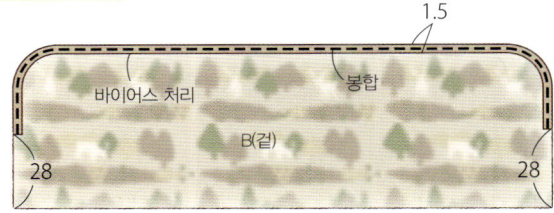

1.5
바이어스 처리　봉합
B(겉)
28　　　　　　28

2 A와 B를 맞추고, 바이어스 처리한다

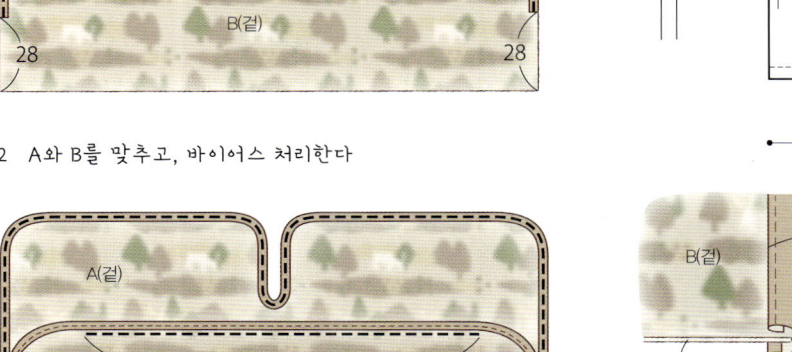

바이어스 처리
A(겉)
①겹쳐서 봉합
②봉합
B(겉)

1.5
B(겉)　　B(겉)　　③A를 펼쳐 원형으로 만든다
A(안)
A(겉)

완성♪

3 고무줄을 통과시킨다

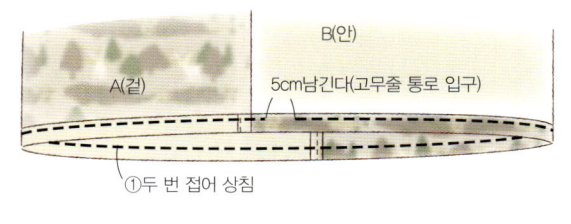

B(안)
A(겉)
5cm남긴다(고무줄 통로 입구)
①두 번 접어 상침

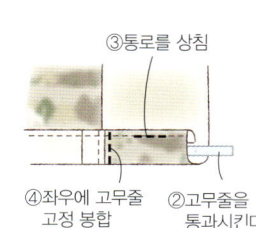

③통로를 상침
④좌우에 고무줄 고정 봉합
②고무줄을 통과시킨다

---

43 페이지 30 헤어밴드

재료

겉감(프린트 플리스) 75cm폭 20cm
고무줄 0.7cm폭 1m
♪ 겉감은 한쪽 방향의 무늬이기 때문에 주의하여 재단합니다.

제도　＊1cm의 시접을 주어 재단합니다.

48cm의 고무줄을 통과시킨다
헤어밴드　　　　　　　　2　　　골선
(겉감 1장)　　1　　　　　고무줄
2　　　골선
9
2
35　　　골선

완성♪

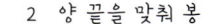

만드는 방법

1 원단을 반으로 접어 봉합한다

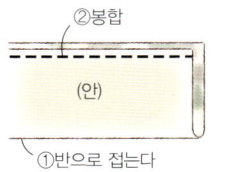

②봉합
(안)
①반으로 접는다

2 양 끝을 맞춰 봉합한다

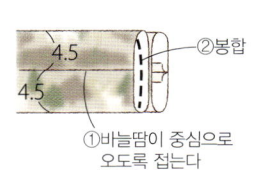

②봉합
4.5
4.5
①바늘땀이 중심으로 오도록 접는다

3 고무줄을 통과시킨다

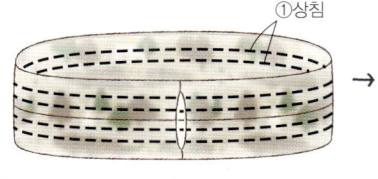

①상침

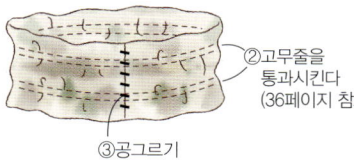

②고무줄을 통과시킨다 (36페이지 참고)
③공그르기

45

손난로 케이스

32

33

폭신폭신한
꽃무늬의 하트와
핑크색의 하트.
어느 쪽이
더 좋나요?

복슬복슬한 핑크색의 푸들 퍼와
꽃무늬의 프린트 보아로 만든 하트 모양의 손난로 케이스.
다른 색으로 몇 개 더 만들고 싶은 귀여운 디자인입니다.

how to make ＊＊＊ 50 페이지

제작 ＊小澤のぶ子

34

35

귀여워서 주머니에 넣기엔 아깝습니다.

펠트로 만든

검은 고양이와 강아지의 손난로 케이스.

보고있는 것만으로도 행복한 기분이 듭니다.

검은 고양이는 생선,

강아지는 꽃으로 포인트를 더했습니다.

how to make ✳ ✳ ✳ 51 페이지

design · 제작 ✳ nico.

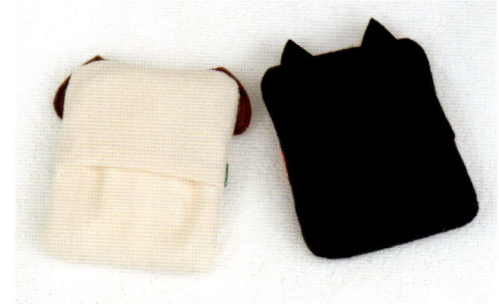

미니 사이즈의 손난로가 들어갑니다.

보온 물주머니 커버

옛날 그대로의 보온 물주머니는 따뜻한 겨울의 기본 아이템.

물주머니 커버는 도트무늬의 폭신폭신한 프린트 보아로 만들었습니다.

지퍼를 달아 물주머니를 넣고 빼기가 편리합니다.

2ℓ 사이즈의 보온 물주머니용입니다.

how to make ＊＊＊ 53 페이지

제작 ＊小澤のぶ子

계속 끌어안고 싶은 기분 좋은 보아 소재.

37

36

38

39

뒷모습.
입구는
지퍼로
되어 있습니다.

살짝 수줍어하는 남자아이와

깜찍한 보브컷의 여자아이.

둘 다 울 소재의 옷으로 멋을 냈습니다.

미소를 짓고 있는 귀여운 디자인입니다.

how to make ✳ ✳ ✳ 54 페이지

design・제작 ✳ powa*powa*

470㎖사이즈의
보온 물주머니가
들어가는
귀여운 사이즈

46 페이지　32 · 33　손난로 케이스

32 재료

겉감(푸들 보아) 30cm폭 15cm
안감(꽃무늬 코튼) 90cm폭 15cm
둥근 고무줄 굵기 0.3cm폭 10cm
키홀더(실버) 1.5mm×15cm 1개
♪ 32 · 33의 겉감은 털방향이 있는 원단이기 때문에
　털의 결방향으로 재단합니다.

33 재료

겉감(양면 덤블링) 30cm폭 15cm
안감(코튼 스트라이프) 90cm폭 15cm
둥근 고무줄 굵기 0.3cm폭 10cm
볼체인(골드) 1.5mm×15cm 1개

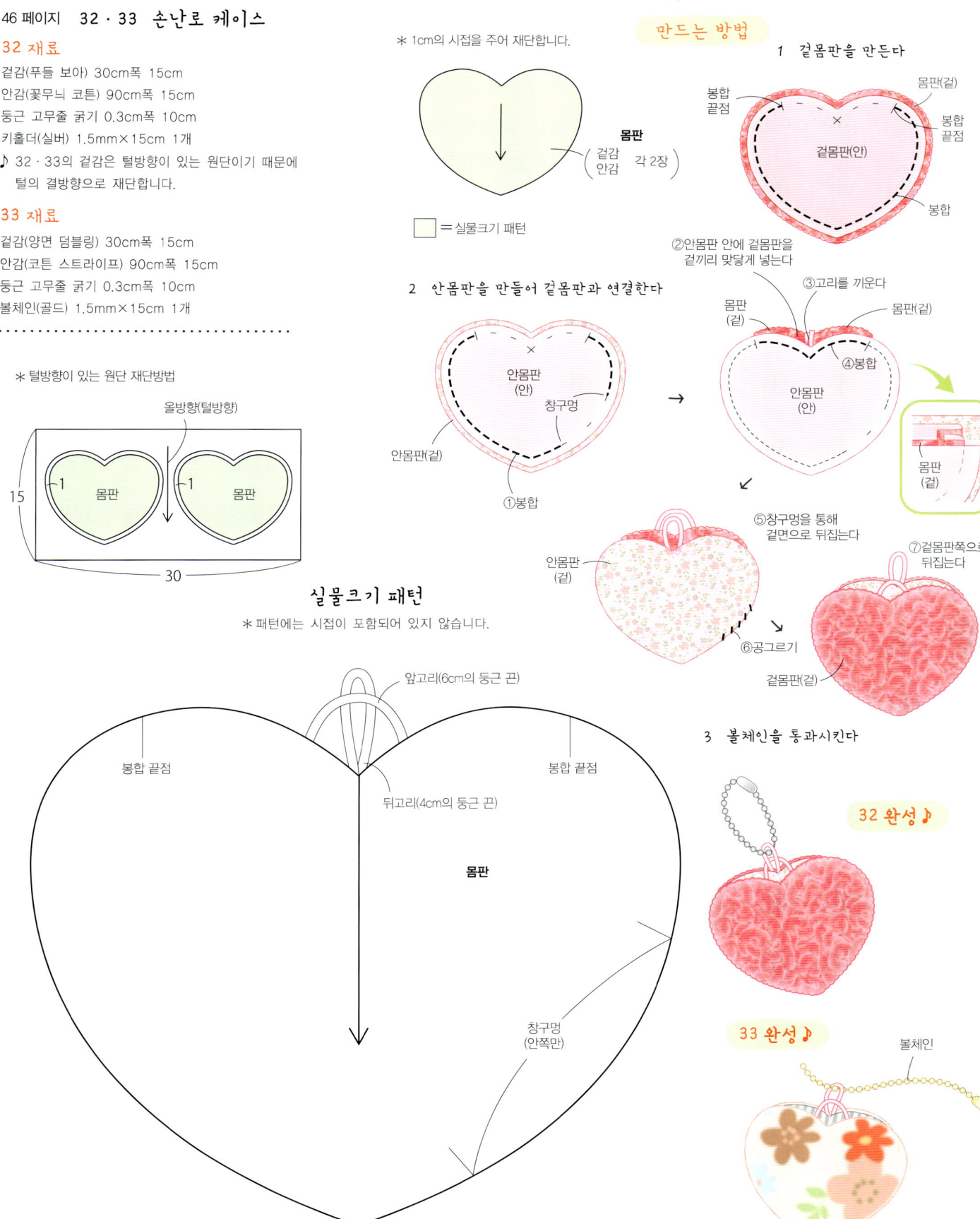

＊ 털방향이 있는 원단 재단방법

＊ 1cm의 시접을 주어 재단합니다.

　＝실물크기 패턴

실물크기 패턴

＊ 패턴에는 시접이 포함되어 있지 않습니다.

만드는 방법

1 겉몸판을 만든다

②안몸판 안에 겉몸판을
　겉끼리 맞닿게 넣는다

2 안몸판을 만들어 겉몸판과 연결한다

③고리를 끼운다
④봉합
⑤창구멍을 통해 겉면으로 뒤집는다
⑥공그르기
⑦겉몸판쪽으로 뒤집는다

3 볼체인을 통과시킨다

32 완성♪

33 완성♪

47 페이지 34·35 손난로 케이스

34 재료

원단A(도트무늬 코튼) 25cm폭 20cm
펠트(블랙) 25cm폭 20cm
　(오프 화이트) 9cm폭 3cm
　(레드) 12cm폭 4cm
　(스카이) 4cm폭 3cm
자수실(화이트·스카이·오렌지)

35 재료

원단A(도트무늬 코튼) 25cm폭 20cm
펠트(오프 화이트) 25cm폭 20cm
　(레드브라운) 6cm폭 7cm
　(브라운) 10cm폭 7cm
　(그린) 12cm폭 4cm
　(오렌지) 3cm폭 3cm
　(다크브라운) 5cm폭 2cm
　(옐로우) 2cm폭 2cm
자수실(다크브라운·옐로우·오렌지)

준비할 패턴

(실물크기 패턴 52페이지)

앞몸판(1장)
안앞몸판(1장)
안몸판

뒷몸판(2장)
안뒷몸판(2장)
안몸판

안몸판

머플러
A(2장)
B(1장)

눈·코(3장)

34
안쪽귀(2장)
귀(4장)
생선(1장)

35
무늬(1장)
귀(4장)
0.7
시접 없이 자른다
꽃술(1장)
꽃잎(1장)

※ 몸판·무늬는 0.7cm의 시접을 주어 재단합니다. 지정된 곳 이외에는 전부 시접 없이 자릅니다.

만드는 방법

1 아플리케하고 자수를 놓는다

겹쳐서 봉합한다
무늬
앞몸판(겉)
펠트

눈·코를 봉합해 단다
머플러B를 봉합해 단다
머플러A를 끼운다

A
2장 맞춰서 둘레를 봉합한다

귀
2장 맞춰서 봉합한다

임시 고정

안쪽을 몸판에 공그르기해 단다

2 뒷몸판을 만든다

0.7
봉합
원단A(안)
펠트

↓

펠트
원단A(겉)
※2장 만든다

0.2cm봉합(임시 고정)

3 앞몸판과 뒷몸판을 맞춰 봉합한다

귀
창구멍을 봉합한다
앞몸판(겉)
원단A(겉)
2cm 겹친다

※ 귀를 넣고 함께 봉합하지 않도록 주의

원단A(겉)
안몸판
창구멍을 통해 겉으로 뒤집고 공그르기한다

4 안앞몸판을 단다

안몸판
창구멍
봉합
원단A(안)
0.7
앞몸판(겉)

트여진 부분을 통해 겉감쪽으로 뒤집는다

귀의 안쪽을 몸판에 공그르기

35 완성♪

뒷모습

스트레이트 스티치
❶뺌 ❷넣음
❸뺌
❺뺌 ❹넣음

바리온 노트 스티치
❸뺌
❷넣음
❶뺌
❹실을 감는다
실을 당긴다
❺넣음

귀 만드는 방법

2장 맞춰서 둘레를 봉합한다

임시 고정

34 완성♪

34 · 35 실물크기 패턴 아플리케 · 자수 도안

* 패턴에는 시접이 포함되어 있지 않습니다.
* 지정되지 않은 곳은 자수실을 2가닥으로 사용합니다.

머플러 34 펠트(레드)
35 펠트(그린)

35

귀 다는 위치

무늬(강아지)
펠트(레드브라운 1장)

A(2장) B(1장)

펠트(다크브라운 각 1장)

눈 코 눈

백스티치
(다크브라운)

백스티치
(오렌지 6가닥)

무늬 다는
위치

창구멍

귀
(강아지)

펠트
(브라운 4장)

머플러B
다는 위치

* 백스티치 놓는
방법은 54페이지에
있습니다

백스티치(옐로우)

꽃술 펠트(옐로우 1장)

꽃잎
펠트(오렌지 1장)

앞몸판 펠트(오프 화이트 1장)
안앞몸판(원단A 1장)

A

귀 다는 위치

34

백스티치(화이트)

펠트(오프 화이트 각 1장)

눈 코 눈

스트레이트 스티치(화이트)

백스티치
(오렌지 6가닥)

귀
(고양이)
펠트
(블랙 4장)

안쪽귀
(고양이)
펠트
(오프화이트 2장)

백스티치(화이트)

머플러B 다는 위치

A

바리온 노트 스티치(스카이)

뒷몸판 34 펠트(블랙 2장)
35 펠트(오프 화이트 2장)

안뒷몸판 34 · 35 (원단A 2장)

앞몸판
펠트(블랙 1장)

안앞몸판
(원단A 1장)

스트레이트 스티치(스카이) 백스티치(스카이)

생선 펠트(스카이 1장)

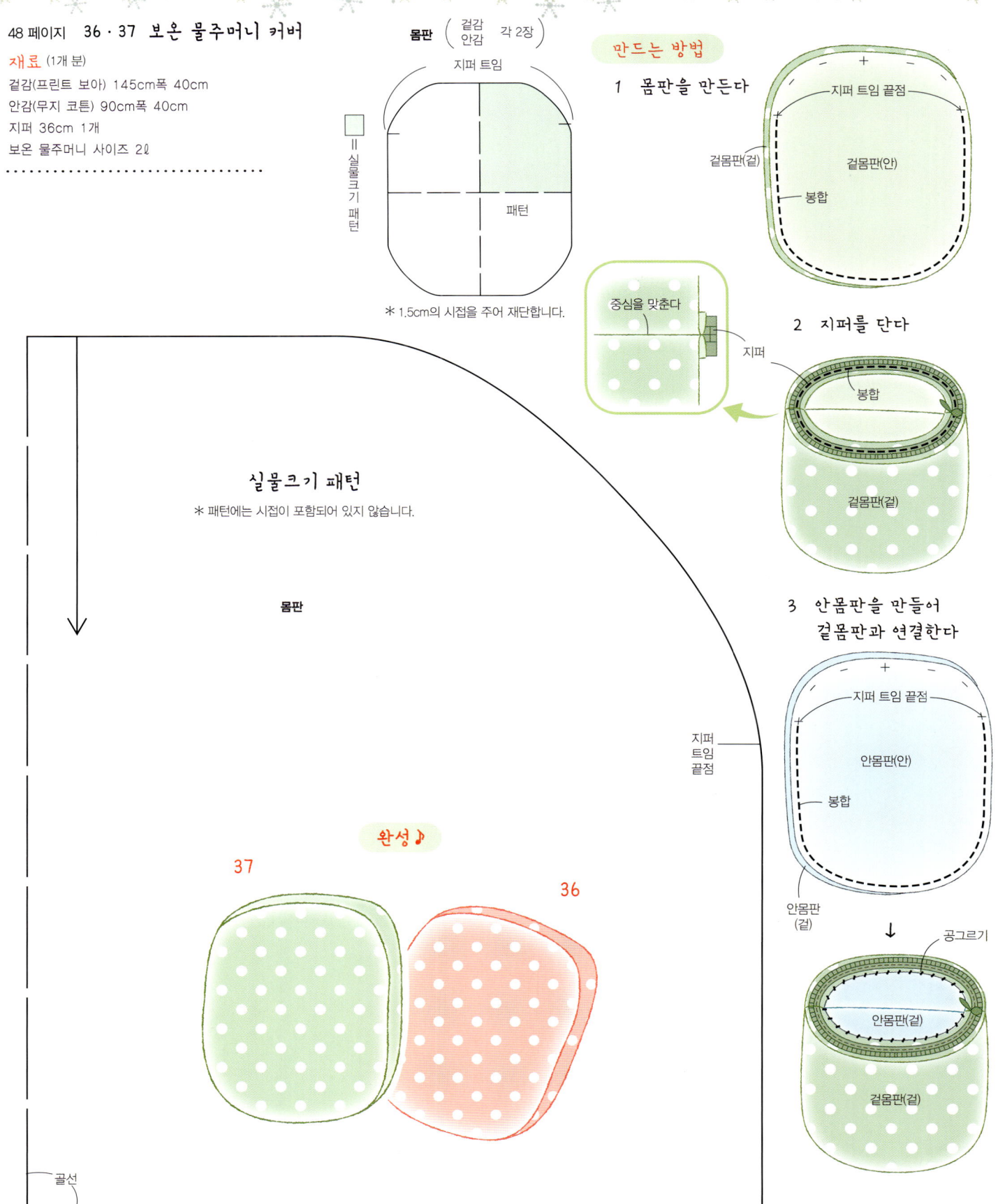

48 페이지 36·37 보온 물주머니 커버

재료 (1개 분)
겉감(프린트 보아) 145cm폭 40cm
안감(무지 코튼) 90cm폭 40cm
지퍼 36cm 1개
보온 물주머니 사이즈 2ℓ

몸판 (겉감 / 안감 각 2장)

지퍼 트임

= 실물크기 패턴

패턴

* 1.5cm의 시접을 주어 재단합니다.

실물크기 패턴
* 패턴에는 시접이 포함되어 있지 않습니다.

몸판

지퍼
트임
끝점

완성♪

37   36

골선

만드는 방법

1 몸판을 만든다

지퍼 트임 끝점
겉몸판(겉)
겉몸판(안)
봉합

중심을 맞춘다

2 지퍼를 단다

지퍼
봉합
겉몸판(겉)

3 안몸판을 만들어
   겉몸판과 연결한다

지퍼 트임 끝점
안몸판(안)
봉합
안몸판(겉)

공그르기
안몸판(겉)
겉몸판(겉)

49 페이지　**38·39 보온 물주머니 커버**

38 재료

겉감(울) 40cm폭 15cm
안감(깅엄체크 코튼) 40cm폭 25cm
펠트(다크브라운) 40cm폭 12cm
　　(라이트오렌지) 25cm폭 12cm
　　(오렌지) 4cm폭 2cm
자수실
(다크브라운·라이트오렌지·오렌지)
테이프 1cm폭 40cm
지퍼 20cm 1개
단추 지름 1.1cm 2개
보온 물주머니 사이즈 470㎖

39 재료

겉감(울) 40cm폭 15cm
안감(도트무늬 코튼) 40cm폭 25cm
펠트(라이트브라운) 40cm폭 12cm
　　(라이트오렌지) 25cm폭 12cm
　　(핑크) 4cm폭 2cm
자수실
(라이트브라운·라이트오렌지·다크브라운·핑크)
레이스 1.8cm폭 40cm
지퍼 20cm 1개
단추 크기 1.1cm 2개
보온 물주머니 사이즈 470㎖

준비할 패턴

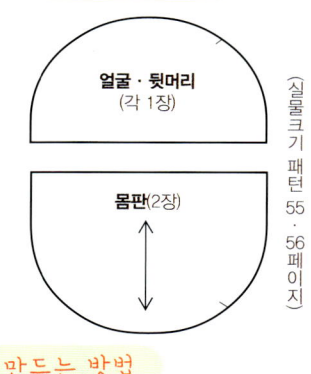

(실물크기 패턴 55·56 페이지)

얼굴·뒷머리
(각 1장)

몸판(2장)

만드는 방법

＊ 지정되지 않은 곳은 0.7cm의 시접을 주어 재단합니다.

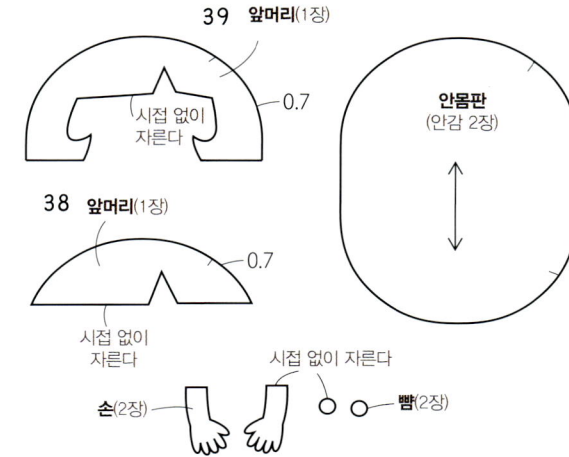

39 앞머리(1장)

시접 없이 자른다

0.7

38 앞머리(1장)

0.7

시접 없이 자른다

안몸판
(안감 2장)

시접 없이 자른다

손(2장)　　　**뺨**(2장)

1 아플리케하고 자수를 놓는다

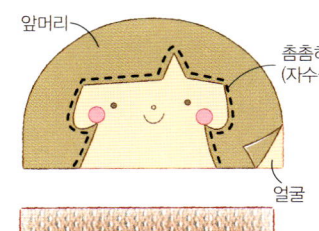

앞머리

촘촘하게 봉합한다
(자수실 2가닥)

얼굴

몸판(겉)

2 얼굴과 몸판을 맞춰 봉합한다

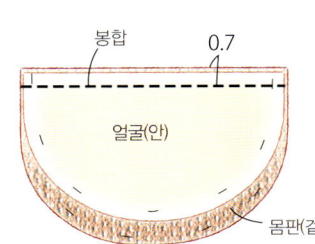

봉합　0.7

얼굴(안)

몸판(겉)

3 레이스를 단다

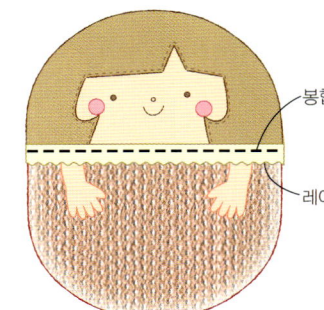

봉합

레이스

4 뒷머리와 몸판을 맞춰 봉합한다(그림 2·3참고)

5 두 장을 맞추고, 둘레를 봉합한다

6 지퍼를 단다

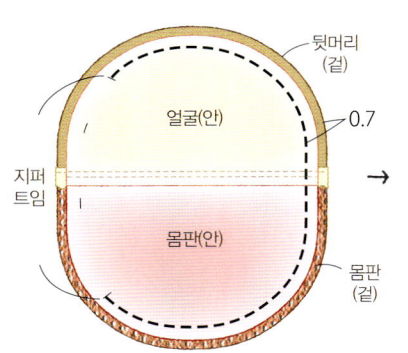

뒷머리(겉)

얼굴(안)

0.7

지퍼 트임

몸판(안)

몸판(겉)

겉으로 뒤집는다

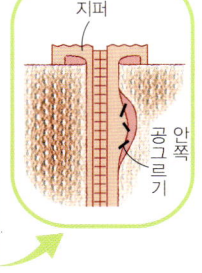

지퍼

안쪽
공그르기

7 안몸판을 만들어 단다

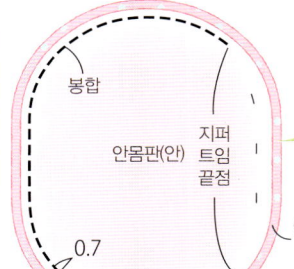

봉합

안몸판(안)

지퍼 트임 끝점

0.7

안몸판(겉)

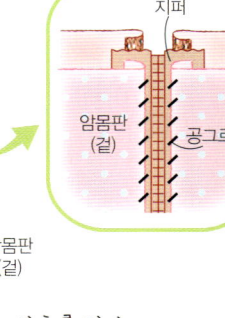

지퍼

암몸판(겉)

공그르기

8 단추를 단다

38 완성♪

39 완성♪

＊39와 같은 방법으로 만든다

백 스티치

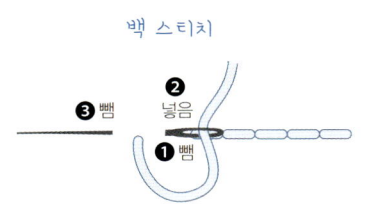

❸뺨　❷넣음　❶뺨

새틴 스티치

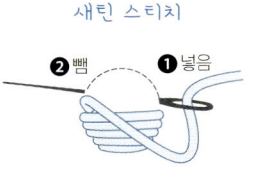

❷뺨　❶넣음

＊ 패턴에는 시접이 포함되어 있지 않습니다.

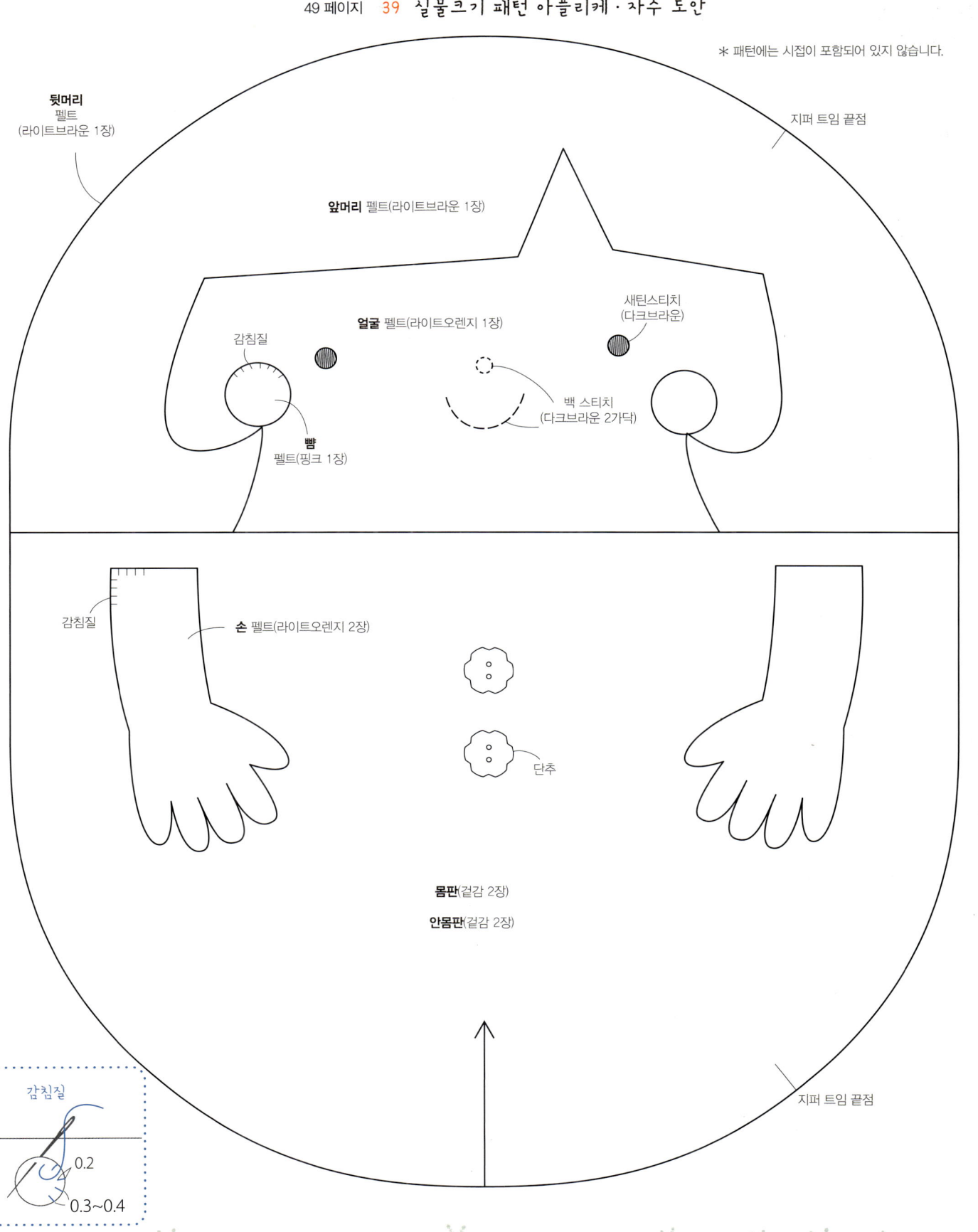

뒷머리
펠트
(라이트브라운 1장)

지퍼 트임 끝점

앞머리 펠트(라이트브라운 1장)

얼굴 펠트(라이트오렌지 1장)

감침질

새틴스티치
(다크브라운)

백 스티치
(다크브라운 2가닥)

뺨
펠트(핑크 1장)

감침질

손 펠트(라이트오렌지 2장)

단추

몸판(겉감 2장)

안몸판(겉감 2장)

지퍼 트임 끝점

감침질

0.2

0.3~0.4

실물크기 패턴 아플리케 · 자수 도안

＊ 패턴에는 시접이 포함되어 있지 않습니다.

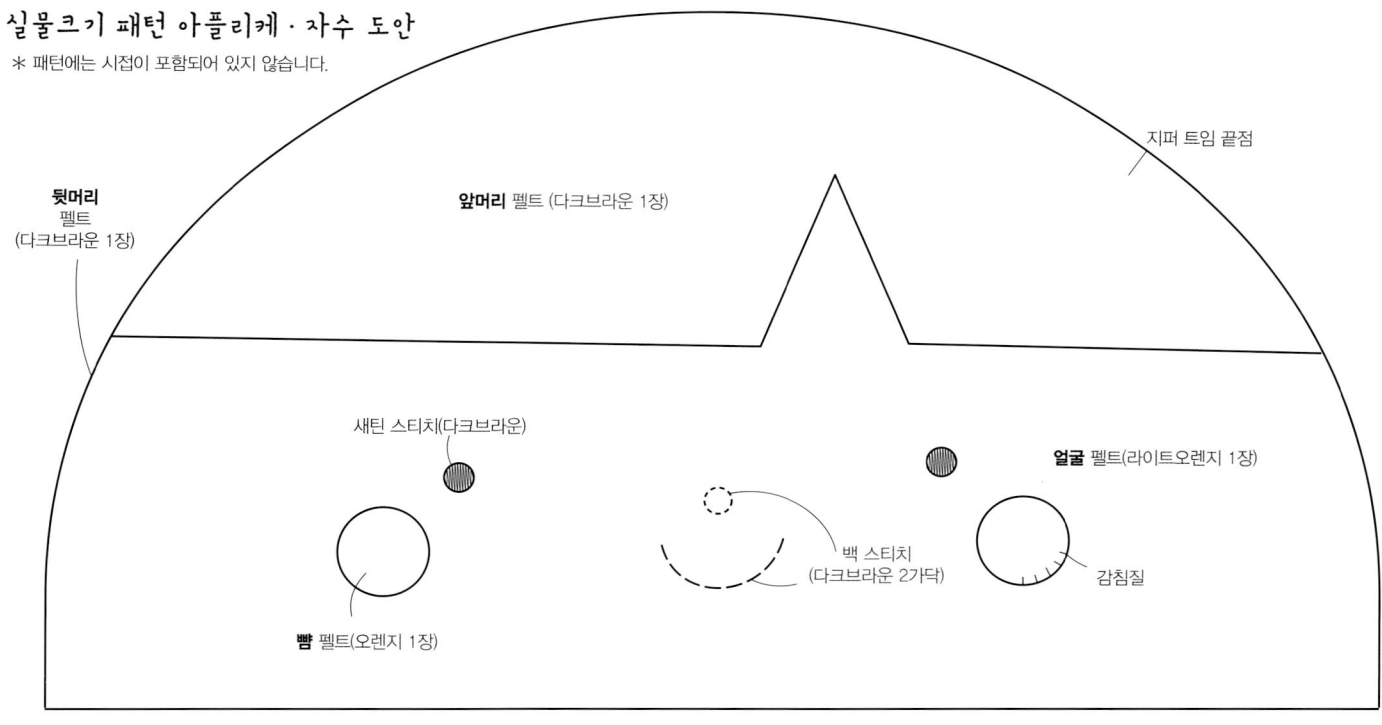

뒷머리
펠트
(다크브라운 1장)

앞머리 펠트 (다크브라운 1장)

지퍼 트임 끝점

새틴 스티치(다크브라운)

백 스티치
(다크브라운 2가닥)

얼굴 펠트 (라이트오렌지 1장)

감침질

뺨 펠트(오렌지 1장)

쉬운 바느질로 만드는 따뜻한 소품소잉 39

초판 1쇄 인쇄   2014년 10월 17일
초판 1쇄 발행   2014년 10월 24일

발 행 인   신현호 정용효
기 획 / 제 작   임태훈 정미정 오하나
번   역   손수현
편   집   이성모

신 고 번 호   제2013-000010호
신 고 일 자   2013년 8월 6일
발 행 처   (주)코하스아이디 소잉스토리
          광주광역시 북구 무등로 120 (신안동) 해은빌딩 7층
대 표 전 화   062_513_8957
팩   스   062_515_8958
문 의 전 화   070_8893_9218
홈 페 이 지   www.sewingstory.com

I S B N   979-11-950950-4-9 13590
판 매 가   9,500원

※ 잘못 인쇄된 책은 구입처에서 교환해 드립니다.
※ 소잉스토리는 소잉D. I. Y 취미실용서와 잡지를 출간합니다.

● STAFF
편집담당 ＊渡部恵理子　明村恵美子
촬영 ＊中島繁樹
헤어&메이크업 ＊成澤宏人 （bruna）
모델 ＊메구미・윌슨
레이아웃 ＊紫垣和江
트레이스 ＊大森裕美子 （tinyeggs studio）

이 도서의 국립중앙도서관 출판예정도서목록(CIP)은 서지정보유통지원시스템 홈
페이지(http://seoji. nl. go. kr)와   국가자료공동목록시스템(http://www. nl.
go. kr/kolisnet)에서 이용하 실 수 있습니다. (CIP제어번호 : CIP2014028313)

패션스타트가 제안하는
따뜻한 소품소잉 만들기

'따뜻한 소품소잉' 서적에서 소개하고 있는 작품제작에 이해를 돕기 위해
'대한민국 대표 DIY 쇼핑몰 패션스타트' MD가 수많은 원단 중 관련된 원단만을 선별하여 추천해드립니다.
그간 일본서적을 보며 원단 선택이 정말 힘들었던 점을 최대한 도와드리기 위해,
간략한 설명까지 함께 구성해보았습니다.
각종 포털사이트에서 '패션스타트'를 검색하여 편리한 쇼핑을 해보세요.

따뜻한 덤블링 ▼

패션스타트 검색창에 키워드를 검색해 보세요♥

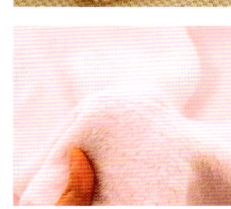

겨울철에 가장 인기있는 아이템인 덤블링 시리즈! 보온성은 물론 부드러운 터치감까지 갖춘 원단으로, 간단한 블랭킷부터 아우터까지 제작이 가능하며 안감용으로도 활용이 되는 아이템입니다. 덤블링은 단면과 양면 두 종류로 구분이 되어집니다.

주요소재 : 폴리에스테르

포근한 폴라폴리스 ▼

패션스타트 검색창에 키워드를 검색해 보세요♥

폴라폴리스는 포근한 터치감과 함께 활용성이 다양합니다. 아우터부터 안감까지 여러 가지 용도로 사용할 수 있으며, 가벼운 중량감으로 누구나 부담 없이 사용할 수 있는 아이템입니다.
폴라폴리스도 덤블링과 마찬가지로 단면과 양면 두 종류로 구분되어집니다.

주요소재 : 폴리에스테르

🔍 캐주얼한 니트원단 ▼

패션스타트 검색창에 키워드를 검색해 보세요♥

유연함이 살아있는 캐주얼한 스타일의 니트원단을 소개합니다. 스판성이 좋아 착용감이 편안하고, 스웨터나 각종 워머, 베스트 등의 다양한 아이템으로 남녀노소 누구에게나 활용이 가능한 MD 베스트 추천 원단입니다.

주요소재 : 면 또는 폴리에스테르

🔍 클래식한 모직원단 ▼

패션스타트 검색창에 키워드를 검색해 보세요♥

모던함과 클래식함이 공존하는 모직원단은 멜턴, 알파카, 홈스펀, 울체크 스타일 등 소재에 따른 다양한 스타일링이 가능한 아이템입니다. 자켓, 코트, 베스트 등 겨울 아이템에 활용하기 좋은 F/W 추천원단입니다.

주요소재 : 울 또는 아크릴 또는 폴리에스테르

Fashion Start
대한민국 대표 패션 DIY 쇼핑몰

www.fashionstart.net
대표번호 1644-8957

베이비/ 아동/ 성인 **의상 소잉 DIY 전문멀티샵**

"패션스타트NCC 대리점"

세심하고 체계적인 단계별 교육과정을 통하여 의상소잉에 대한 자신감과 소잉실력,
더 나아가 내가 원하는 의상작품을 스스로 제작하며 소잉의 진정한 즐거움과 가치를 전하는 패션스타트NCC 대리점입니다.

1 "의상 소잉상품"
다양한 종류와 스타일의 원단/ 부자재/ 패턴/ 서적 등

2 "초급-중급-고급 단계별 의상전문 교육과정"
베이비, 아동, 성인아이템으로 구성된 체계적이고 전문화된 시스템

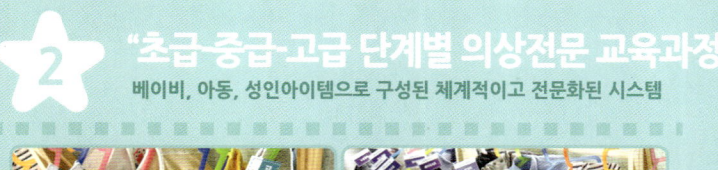

3 "미싱 교육"
소잉의 즐거움을 전하는 고급 NCC미싱으로 진행

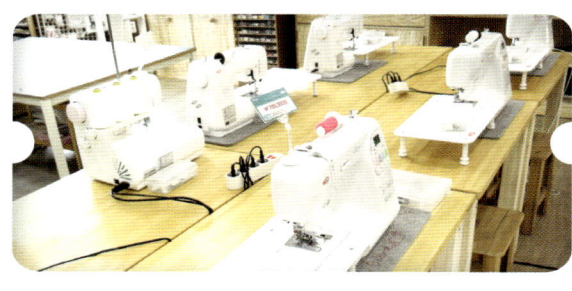

4 "내부 인테리어"
쾌적하고 깔끔한 패션스타트NCC 대리점

패션스타트NCC 대리점에 관한 개설문의는 패션스타트(www.fashoinstart.net) 또는
NCC미싱(www.nccmising.com) 사이트를 통하여 하실 수 있습니다.

Simple  Sewing

바느질 한땀 한땀의 숨결이 묻어 있는 핸드메이드
프리미엄 내추럴 리넨 쇼핑몰

www.simplesewing.co.kr

ORIGINAL HANDMADE
1644-5744

Natural Sewing Life

Simple  Sewing

심플소잉NCC

국내최초! 소잉DIY 전문 멀티샵 "심플소잉NCC 전국대리점"

누구나 생각하던 일반적인 '공방'이 아닙니다.

소잉에 필요한 원단, 부재료, 패턴, 서적의 다양하고 풍성한 상품구성 공간!

그동안 눈으로만 봤었던 "재봉틀(미싱)"을 샵에서 직접 만져보고 체험 할 수 있는 공간!

본사의 체계적인 관리와 교육을 마스터한 전문강사와 다양한 과정의 수준높은 소잉교육 공간!

눈으로 보고, 손으로 만져보고, 몸으로 체험하는 국내최초 신개념 소잉 복합공간, 소잉DIY 전문 멀티샵 입니다.

심플소잉NCC 대리점은 소잉을 통한 즐거움과 행복으로 더욱 풍성해지고 가치있는 삶을 전해드립니다.

내 삶의 즐거움과 행복을 더해주는 심플소잉NCC 대리점

⊛ 서울지역 ⊛
강남교보점 02-573-5134, 강변테크노마트점 02-3234-2669

⊛ 경인지역 ⊛
인천 논현점 070-4151-7732, 인천 삼산점 070-7641-0305, 인천센트럴파크점 032-777-0709, 남양주 호평점 031-595-7478, 분당 정자점 031-711-0015, 용인 동백점 070-8820-8922, 용인신봉점 031-264-3769, 수원 영통점 031-273-9411, 수원 권선점 070-4106-7793, 안양 평촌점 070-8683-8053, 화성 동탄점 070-4190-3830

⊛ 충청지역 ⊛
대전 탄방점 042-487-8265, 청주 가경점 043-232-0306, 청주 용암점 043-900-3579, 천안 두정점 070-4078-9135

⊛ 경상지역 ⊛
대구 죽전점 070-4406-8220, 부산 화명점 051-365-1591, 부산해운대점 051-741-3877, 울산 남구점 052-271-1188, 울산 성안점 052-248-8671, 포항 북부점 054-615-4004, 창원 상남점 055-263-5662, 안동 북문점 054-852-5662, 경주 노서점 054-771-6349

⊛ 전라지역 ⊛
광주 충장점 062-225-5662, 광주 수완점 062-653-2335, 광주 상무점 062-381-0991, 순천 장천점 061-900-9965, 목포 하당점 061-287-8155, 여수 신기점 070-4228-0015

⊛ 강원, 제주지역 ⊛
원주 중앙점 033-742-9884, 제주시 제주점 064-733-5151

상담 및 문의 1644-5662
웹페이지 www.nccmising.com

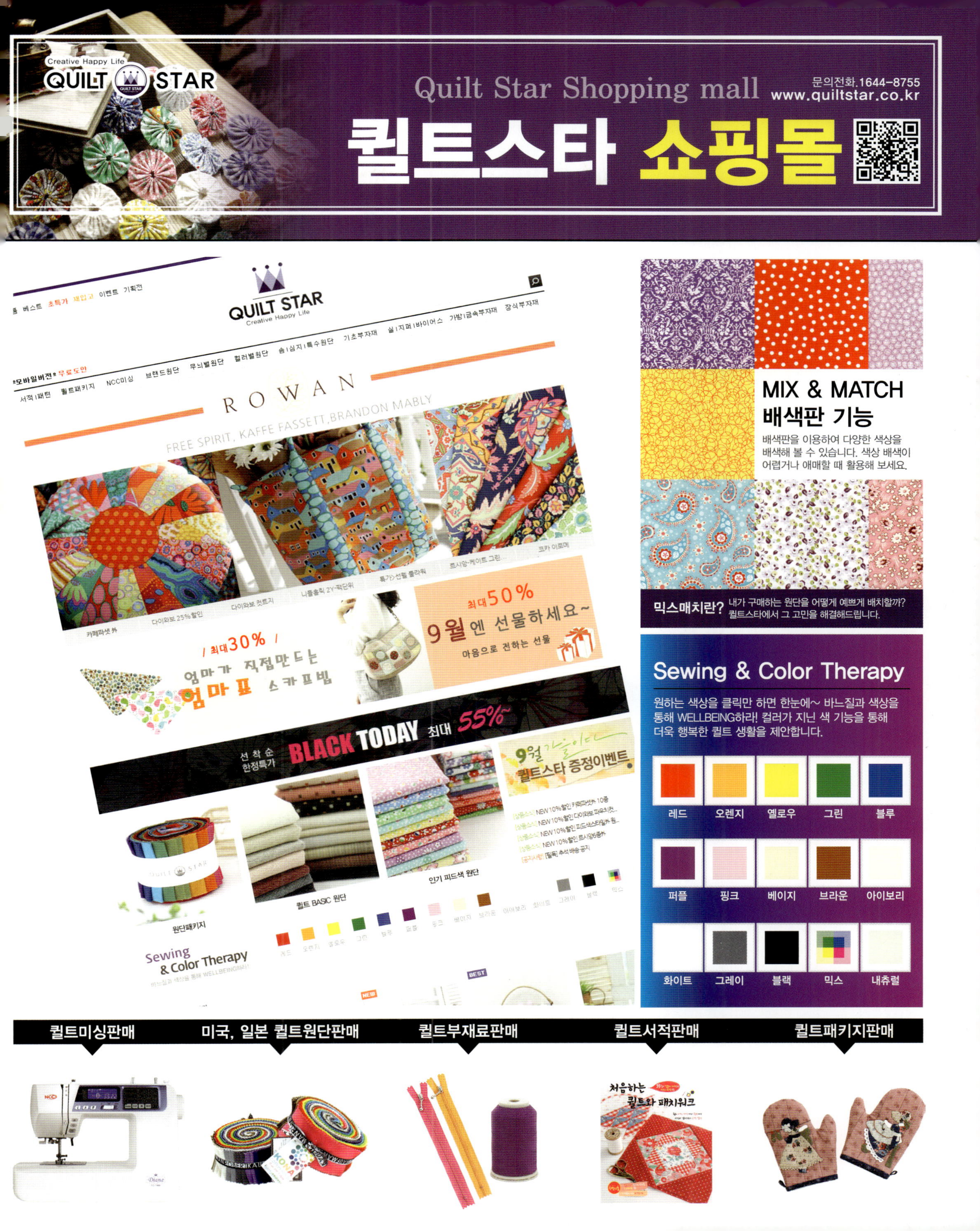
Creative Happy Life
QUILT STAR
Quilt Star Shopping mall
문의전화.1644-8755
www.quiltstar.co.kr
퀼트스타 쇼핑몰
QUILT STAR
Creative Happy Life
ROWAN
FREE SPIRIT, KAFFE FASSETT, BRANDON MABLY
최대50%
9월엔 선물하세요~
마음으로 전하는 선물
최대30%
엄마가 직접만드는
엄마표 스카프빕
선착순 한정특가
BLACK TODAY 최대 55%
9월 가을이다
퀼트스타 증정이벤트
원단패키지
퀼트 BASIC 원단
인기 피드색 원단
Sewing & Color Therapy
MIX & MATCH
배색판 기능
배색판을 이용하여 다양한 색상을
배색해 볼 수 있습니다. 색상 배색이
어렵거나 애매할 때 활용해 보세요.
믹스매치란?
내가 구매하는 원단을 어떻게 예쁘게 배치할까?
퀼트스타에서 그 고민을 해결해드립니다.
Sewing & Color Therapy
원하는 색상을 클릭만 하면 한눈에~ 바느질과 색상을
통해 WELLBEING하라! 컬러가 지닌 색 기능을 통해
더욱 행복한 퀼트 생활을 제안합니다.
레드
오렌지
옐로우
그린
블루
퍼플
핑크
베이지
브라운
아이보리
화이트
그레이
블랙
믹스
내츄럴
퀼트미싱판매
미국, 일본 퀼트원단판매
퀼트부재료판매
퀼트서적판매
퀼트패키지판매
처음하는 퀼트와 패치워크

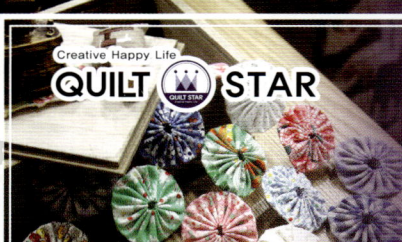

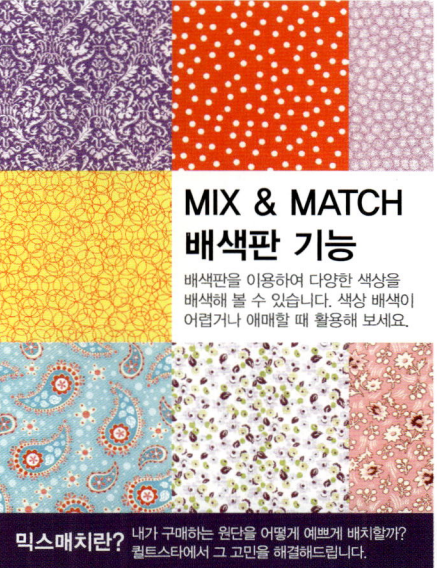

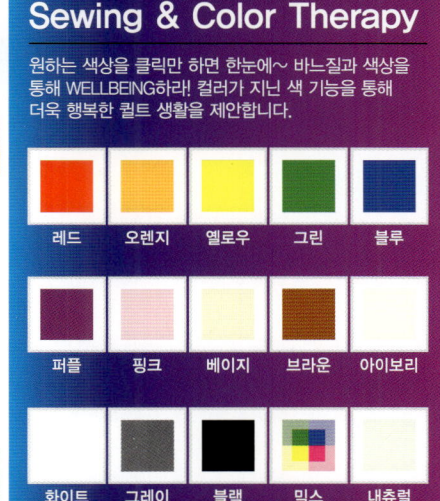

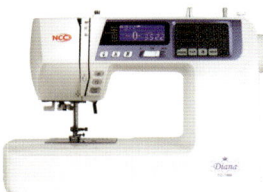

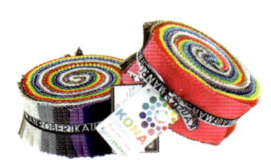

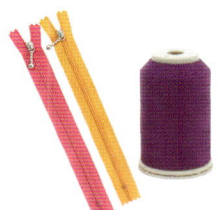

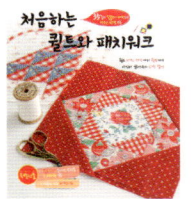

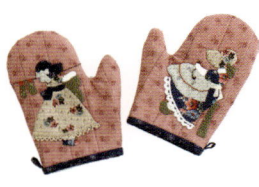

양모처럼 부드럽고 가벼운 **고급 날나리실**
다이마루, 저지, 수영복 원단 등 스판성 있는
원단을 봉제하거나 퀼팅작업을 할 때 **밑실전용**으로!
또 가장자리 **오버록, 인터록** 처리 시,
고급스럽게 마무리합니다.

LaLa

꽃잎처럼 부드러운 감촉의
LaLa Thread
라라실

Nylon 100%   Made in Korea

〈 구입처 〉
패션스타트 (fashionstart.net)/패션스타트 NCC 대리점
심플소잉 (simplesewing.co.kr)/심플소잉 NCC 대리점
퀼트스타 (quiltstar.co.kr)/NCC 미싱취급점/그 외 온 · 오프라인

About LaLa   작품에 싱그러운 생기를 불어 넣어줄 하이퀄리티 봉제실

1. Soft 부드러운 터치감

울실과 같은 부드러운 촉감으로,
밑실로 사용했을 때 피부에 닿는
느낌이 포근하고 부드러워서 아이들
피부에도 자극이 없습니다. 또한
다이마루나 울원단 같은 부드러운
소재와 잘 어울려 인터록, 오버록용
으로 사용하기 좋습니다

2. Strong 최상의 인장강도와 탄성

강도와 탄성이 우수하여 봉제 시 잘 끊어지지 않고, 신축성이
좋은 나일론 100%로 제작되어 스판성 있는 원단도 봉제하기
좋습니다.

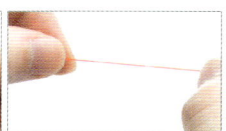

3. Color 고급스러운 색감

포근하고 고급스럽게 연출되는 총
25가지 컬러로, 광택감 또한 우수
하여 작품의 완성도를 더욱 더
높여줍니다.

보다 자세한 제품
정보를 확인해보세요.

4. Size 실용적인 디자인

1콘당 350m정도 감겨있으며 가정용 미싱에 사용하기 좋은 3 ×
5(cm) 사이즈! 미니사이즈로 제작되었기 때문에 사용과 관리가
무척 편리합니다. 또한 실패 끝에 여닫는 부분이 있어서 실을
넣고 닫아주면 실이 풀리지 않아서 보관이 good~

5cm
3cm

라라실로 작업해 볼까요?

보송보송한 텍스쳐로 피부에 닿는 느낌도 좋고 작업 후
느낌도 고급스럽고 멋스럽습니다.

나일론100%
100D/2 350m